高等职业教育建筑设备类专业系列教材

消防给水排水工程（第2版）

XIAOFANG GEISHUI PAISHUI GONGCHENG

主　编　游成旭　李　冕

副主编　马联华　王　凤　张　勇　倪　行

重庆大学出版社

内容提要

本书为校企双元开发双元教材,共7个模块,详细阐述了讲述了消防给水及消火栓系统、自动喷水灭火系统、水喷雾灭火系统、细水雾灭火系统、泡沫灭火系统、固定消防炮与自动跟踪定位射流灭火系统和消防排水系统等内容。同时,本书配套有丰富的PPT、试题库、动画等数字资源,以方便教学。

本书可作为高等职业教育建筑消防技术、建筑设备工程技术等建筑设备类专业教学用书,也可作为建筑消防行业职工培训和工程技术人员的参考用书。

图书在版编目(CIP)数据

消防给水排水工程 / 游成旭,李冕主编 . -- 2 版 .
重庆 : 重庆大学出版社, 2025.8. -- (高等职业教育建
筑设备类专业系列教材). -- ISBN 978-7-5689-5651-2

Ⅰ. TU998.1

中国国家版本馆 CIP 数据核字第 2025DQ7937 号

高等职业教育建筑设备类专业系列教材

消防给水排水工程
(第 2 版)

主　编　游成旭　李　冕
副主编　马联华　王　凤
　　　　张　勇　倪　行

策划编辑:林青山
责任编辑:姜　凤　　版式设计:林青山
责任校对:谢　芳　　责任印制:赵　晟

＊

重庆大学出版社出版发行
社址:重庆市沙坪坝区大学城西路 21 号
邮编:401331
电话:(023)88617190　88617185(中小学)
传真:(023)88617186　88617166
网址:http://www.cqup.com.cn
邮箱:fxk@cqup.com.cn(营销中心)
全国新华书店经销
重庆正光印务股份有限公司印刷

＊

开本:787 mm×1092 mm　1/16　印张:13　字数:326 千
2023 年 8 月第 1 版　2025 年 8 月第 2 版　2025 年 8 月第 1 次印刷(总第 3 次印刷)
ISBN 978-7-5689-5651-2　定价:37.00 元

本书如有印刷、装订等质量问题,本社负责调换
版权所有,请勿擅自翻印和用本书
制作各类出版物及配套用书,违者必究

前　言

　　党的二十大报告提出，要"坚持安全第一、预防为主"，建立大安全大应急框架，完善公共安全治理模式向事前预防转型。消防给水排水工程是保证建筑安全和人民群众生命安全的重要措施，是现代建筑不可或缺的组成部分，也是及时、有序、高效开展灭火救援工作的重要保障。本书依据消防设施操作员岗位职业能力要求，结合典型实际工程案例，融入行业"新方法、新技术、新工艺、新标准"的相关内容，充分吸收近年来教学研究与改革成果，经长期酝酿、精心编写而成。

　　本书按照消防给水排水工程的设计、施工、维护保养全流程重构内容，主要涵盖消防给水及消火栓系统、自动喷水灭火系统、水喷雾灭火系统、细水雾灭火系统、泡沫灭火系统、固定消防炮与自动跟踪定位射流灭火系统、消防排水系统等7个模块，共19个项目。每个项目均按"学习目标—案例引入—知识精析—技能提升—自我测评"的逻辑展开：学习目标明确知识与能力指标；案例引入以"小切口"弘扬工匠精神；知识精析详细阐述项目要点；技能提升通过任务驱动强化关键能力；自我测评则用于评价学习效果。

　　本书由重庆安全技术职业学院游成旭、李冕担任主编；重庆安全技术职业学院马联华、王凤，重庆化工职业学院张勇和中交二公局东萌工程有限公司倪行担任副主编。具体编写分工如下：模块1和模块2由游成旭编写，模块3由李冕编写，模块4由马联华编写，模块5由王凤编写，模块6由张勇编写，模块7由倪行编写。全书由游成旭进行统筹，李冕对全书插图进行审核及处理。

在本书的编写过程中,参阅了大量著作和文献,得到了许多同行的支持与帮助,在此表示衷心的感谢!书中多处引用了相关法律、法规、标准、规范,在使用过程中均以最新修订版为准。

由于编者水平有限,书中难免存在疏忽和不妥之处,敬请广大读者和专家批评指正。

编　者

2025年8月

目　录

模块 **1**
消防给水及消火栓系统

项目1.1 消防给水系统

【学习目标】

1. 了解消防给水系统的分类；
2. 熟悉消防给水系统的组成；
3. 掌握消防给水设施的设置要求；
4. 能够识别常见消防给水设施；
5. 能够进行消防供水设施的检查和功能测试。

【案例引入】

故宫的铜缸

故宫大殿前的庭院中都摆放着一口口大缸，这些大缸不仅腹宽口窄、容量极大，而且装饰精美，两耳处还加挂着兽面铜环。旧时，大缸被称为"门海"，最初是用来防火，一直流传至今。

1900年，八国联军攻入北京，在紫禁城中大肆掠夺，甚至有不少侵略者用刺刀狂刮鎏金铜缸上的金子，如今在太和殿两侧的鎏金大铜缸上，仍能清晰地看见侵略者当年留下的累累刀痕。那一幅幅无声的画面，不仅可以看到岁月的痕迹、历史的沉重，而且仿佛可以听到呻吟，让人倍感沉重。

启示：中华民族有五千多年的文明史，记载着华夏先民在中华大地上的辛勤劳作。鸦片战争以后的中国近代史，记载着中华民族的百年屈辱，更记载着中华儿女救亡图存的抗争。

作为新时代青年,既要怀揣梦想又要脚踏实地,立志成为有理想、敢担当、能吃苦、肯奋斗的新时代好青年。

【知识精析】

建筑消火栓给水系统是指为建筑消防服务的,以消火栓为给水点、以水为主要灭火剂的消防给水系统。它由消火栓、给水管道、供水设施等组成。按设置区域不同,消火栓给水系统可分为城市消火栓给水系统和建筑物消火栓给水系统;按设置位置不同,消火栓给水系统可分为室外消火栓给水系统和室内消火栓给水系统。

1.1.1 消防给水系统

消防给水系统应满足水消防系统在设计持续供水时间内所需水量、流量和水压的要求。消防给水系统按水压分类,可分为高压消防给水系统、临时高压消防给水系统和低压消防给水系统3种。

1)高压消防给水系统

高压消防给水系统始终能满足水灭火系统所需的工作压力和流量,火灾发生时无须开启消防水泵。

2)临时高压消防给水系统

临时高压消防给水系统平时不能满足水灭火系统所需的工作压力和流量,火灾发生时须启动消防水泵。

3)低压消防给水系统

低压消防给水系统能满足车载或手抬移动消防水泵等取水所需的工作压力和流量,管网内的压力较低。当火灾发生后,消防救援人员打开最近的室外消火栓,将消防车与之连接起来,从室外管网内吸水加入消防车内,然后利用消防车直接加压灭火,或者由消防车通过水泵接合器向室内管网内加压供水。

低压消防给水系统的系统工作压力应根据市政给水管网和其他给水管网等的系统工作压力确定,且不应小于0.60 MPa。高压和临时高压消防给水系统的系统工作压力应根据系统在供水时可能的最大运行供水压力确定,并应符合下列规定:

①高位消防水池、水塔供水的高压消防给水系统的系统工作压力,应为高位消防水池、水塔最大静压。

②市政给水管网直接供水的高压消防给水系统的系统工作压力,应根据市政给水管网的工作压力确定。

③采用高位消防水箱稳压的临时高压消防给水系统的系统工作压力,应为消防水泵零流量时的压力与水泵吸水口最大静水压力之和。

④采用稳压泵稳压的临时高压消防给水系统的系统工作压力,应取消防水泵零流量时的压力、消防水泵吸水口最大静压二者之和与稳压泵维持系统压力时两者之中的较大值。

消防给水设施包括消防水源(消防水池)、消防水泵、消防供水管道、增(稳)压设备、消防水泵接合器和消防水箱等。

1.1.2　消防水箱

采用临时高压消防给水系统的建筑物应设置高位消防水箱,消防水箱的配管、附件如图1.1所示。设置消防水箱的目的:一是提供系统启动初期的消防用水量和水压,在消防水泵出现故障的紧急情况下应急供水,确保喷头打开后立即喷水,以及时控制初期火灾,并为外援灭火争取时间;二是利用高位差为系统提供准工作状态下所需水压,以达到管道内充水并保持一定压力的目的。设置高压消防给水系统并能保证最不利点消火栓和自动喷水灭火系统等的水量和水压的建筑物,或设置干式消防竖管的建筑物,可不设置消防水箱。

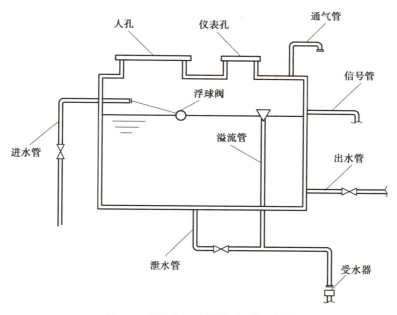

图 1.1　消防水箱的配管、附件示意图

①临时高压消防给水系统的高位消防水箱的有效容积应满足初期火灾消防用水量的要求,并应符合下列规定:

a. 一类高层公共建筑不应小于36 m³,但当建筑高度大于100 m时不应小于50 m³,当建筑高度大于150 m时不应小于100 m³。

b. 多层公共建筑、二类高层公共建筑和一类高层住宅不应小于18 m³,当一类高层住宅建筑高度超过100 m时不应小于36 m³。

c. 二类高层住宅不应小于12 m³。

d. 建筑高度大于21 m的多层住宅不应小于6 m³。

e. 工业建筑室内消防给水设计流量,当小于或等于25 L/s时,不应小于12 m³;当大于25 L/s时,不应小于18 m³。

f. 总建筑面积大于10 000 m²且小于30 000 m²的商店建筑,不应小于36 m³;总建筑面积大于30 000 m²的商店建筑,不应小于50 m³;当与上述第a条规定不一致时应取其较大值。

②高位消防水箱的设置位置应高于其服务的水灭火设施，且最低有效水位应满足水灭火设施最不利点处的静水压力，并应按下列规定确定：

a. 一类高层公共建筑不应低于0.1 MPa，但当建筑高度超过100 m时，不宜低于0.15 MPa。

b. 高层住宅、二类高层公共建筑、多层公共建筑不应低于0.07 MPa，多层住宅不应低于0.07 MPa。

c. 工业建筑不应低于0.1 MPa，当建筑体积小于20 000 m³时，不宜低于0.07 MPa。

d. 自动喷水灭火系统等自动水灭火系统应根据喷头灭火需求压力确定，但最小不应小于0.1 MPa。

e. 当高位消防水箱不能满足上述第a—d条的静水压力要求时，应设稳压泵。

③高位消防水箱的设置应符合下列规定：

a. 进水管的管径应满足消防水箱8 h充满水的要求，但管径不应小于DN32，进水管宜设置液位阀或浮球阀。

b. 进水管应在溢流水位以上接入，其最低点高出溢流边缘的高度应等于进水管管径，但最小不应小于100 mm，最大不应大于150 mm。

c. 溢流管直径不宜小于进水管直径的2倍，且不宜小于DN100，其喇叭口直径不应小于溢流管直径的1.5~2.5倍。

d. 高位消防水箱出水管管径应满足消防给水设计流量的出水要求，且不应小于DN100。

e. 高位消防水箱出水管应位于其最低水位以下，并应设置防止消防用水进入高位消防水箱的止回阀。

f. 高位消防水箱的进、出水管应设置带有指示启闭装置的阀门。

g. 屋顶露天高位消防水箱的人孔和进出水管的阀门等应采取防止被随意关闭的保护措施。

h. 设置高位水箱间时，水箱间内的环境温度或水温不应低于5 ℃。

i. 高位消防水箱的有效容积、出水、排水和水位等应符合有关消防水池设置的要求。

④室内采用临时高压消防给水系统时，高位消防水箱的设置应符合下列规定：

a. 高层民用建筑、3层及以上单体总建筑面积大于10 000 m²的其他公共建筑，应设置高位消防水箱。

b. 其他建筑应设置高位消防水箱，当设置高位消防水箱有困难，且采用安全可靠的消防给水形式时，可不设置高位消防水箱，但应设置稳压泵。

c. 当市政供水管网的供水能力在满足生产、生活最大小时用水量后，仍能满足初期火灾所需的消防流量和压力时，市政直接供水可替代高位消防水箱。

采用临时高压消防给水系统的自动喷水灭火系统，当按《消防给水及消火栓系统技术规范》(GB 50974—2014)的规定可不设置高位消防水箱时，系统应设置气压供水设备。气压供水设备的有效水容积应按系统最不利处4只喷头在最低工作压力下的5 min用水量确定。干式系统、预作用系统设置的气压供水设备，应同时满足配水管道的充水要求。

1.1.3　增(稳)压设备

对于采用临时高压消防给水系统的高层或多层建筑,当消防水箱设置高度不能满足系统最不利点灭火设备所需的水压要求时,应设置增(稳)压设备。增(稳)压设备一般由稳压泵、稳压罐、管道附件及控制装置等组成,如图1.2所示。

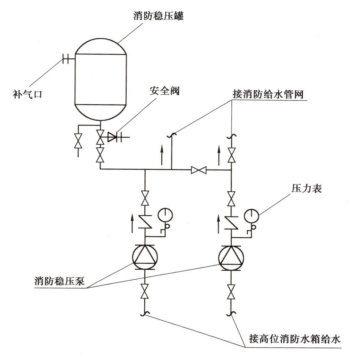

图1.2　增(稳)压设备的组成

1)稳压泵

稳压泵是在消防给水系统中用于稳定平时最不利点水压的给水泵,通常选用小流量、高扬程的水泵。消防稳压泵也应设置备用泵,通常可按"一用一备"原则选用。宜采用单吸单级或单吸多级离心泵,泵外壳和叶轮等主要部件宜采用不锈钢材质。

(1)稳压泵的工作原理

稳压泵通过3个压力控制点(P_2、P_3、P_4)分别与压力继电器相连接,用来控制其工作。稳压泵向管网中持续充水时,管网内压力升高,当达到设定的压力值P_4(稳压上限)时,稳压泵停止工作。若管网存在渗漏或由其他原因导致管网压力逐渐下降,当压力降到设定压力值P_3(稳压下限)时,稳压泵再次启动。如此周而复始,从而使管网的压力始终保持在$P_3 \sim P_4$。若稳压泵启动并持续给管网补水,但管网压力仍继续下降,则可认为有火灾发生,管网内的消防水正在被使用。因此,当压力继续降到设定压力值P_2(消防主泵启动压力点)时,将联锁启动消防主泵,同时稳压泵停止工作。

（2）稳压泵流量的确定

稳压泵的公称流量不应小于消防给水系统管网的正常泄漏量，且应小于系统自动启动流量，公称压力应满足系统自动启动和管网充满水的要求。当没有管网泄漏量数据时，稳压泵的设计流量宜按消防给水设计流量的1%~3%计，且不宜小于1 L/s。消防给水系统所采用的报警阀压力开关等自动启动流量应根据产品确定。

（3）稳压泵设计压力的确定

稳压泵设计压力应符合下列要求：

①稳压泵设计压力应满足系统自动启动和管网充满水的要求。

②稳压泵设计压力应保持系统自动启泵压力设置点处的压力在准工作状态时大于系统设置自动启泵压力，且增加值宜为0.07~0.10 MPa。

③稳压泵的设计压力应保持系统最不利点处水灭火设施在准工作状态时的静水压力大于0.15 MPa。

（4）稳压泵的供电要求

消防稳压泵的供电要求同消防泵的供电要求。

2）气压罐

（1）气压罐的工作原理

实际运行中，由于各种原因，稳压泵常常被频繁启动，不但易损坏泵，而且对整个管网系统和电网系统不利。因此，稳压泵常与小型气压罐配合使用，当采用气压水罐时，其调节容积应根据稳压泵启泵次数不大于15次/h计算确定，但有效容积不宜小于150 L。

如图1.3所示，在气压罐内设定的 P_1、P_2、P_{s1}、P_{s2} 这4个压力控制点中，P_1 为气压罐的最小设计工作压力，P_2 为水泵启动压力，P_{s1} 为稳压泵启动压力，P_{s2} 为稳压泵停泵压力。当罐内压力为 P_{s2} 时，消防给水管网处于较高工作压力状态，稳压泵和消防水泵均处于停止状态；随着管网渗漏或由其他原因引起的泄压，当罐内压力从 P_{s2} 降至 P_{s1} 时，便自动启动稳压泵，向气压罐补水，直到罐内压力增至 P_{s2} 时，稳压泵停止工作，从而保证了气压罐内消防储水的常备储存量。若建筑发生火灾，随着灭火设备出水，气压罐内储水量减少，压力下降，当压力从 P_{s2} 降至 P_{s1} 时，稳压泵启动，但稳压泵流量较小，其供水全部用于灭火设备，气压罐内的水得不到补充，当罐内压力继续下降到 P_2 时，消防泵启动并向管网供水，同时向控制中心报警。此时稳压泵停止运转，消防增（稳）压工作完成。

（2）气压罐的工作压力

气压罐的最小设计工作压力应满足系统最不利点灭火设备所需的水压要求。

（3）气压罐的容积

气压罐的容积包括消防储存水容积、缓冲水容积、稳压调节水容积和压缩空气容积，如图1.4所示。

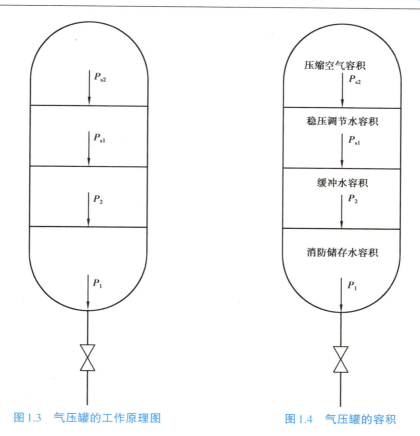

图 1.3　气压罐的工作原理图　　　　　图 1.4　气压罐的容积

1.1.4　消防水泵

消防水泵通过叶轮的旋转将能量传递给水,从而增加水的动能和压力能,并将其输送到灭火设备处,以满足各种灭火设备的水量和水压要求,它是消防给水系统的心脏。目前,消防给水系统中使用的水泵多为离心泵,因为该类水泵具有适用范围广、型号多、供水连续、可随意调节流量等优点。

1)设置要求

在临时高压消防给水系统、高压消防给水系统中均需设置消防水泵。在串联消防给水系统和重力消防给水系统中,除需设置消防水泵外,还需设置消防转输泵,用于将水源提升至中间水箱或消防高位水箱。消火栓给水系统与自动喷水灭火系统宜分别设置消防水泵,当与消火栓系统合用消防水泵时,系统管道应在报警阀前分开。

消防水泵应设置备用泵,其性能应与工作泵性能一致,但下列建筑除外:

①建筑高度小于 54 m 的住宅和室外消防给水设计流量小于或等于 25 L/s 的建筑。

②室内消防给水设计流量小于等于 10 L/s 的建筑。

2)消防水泵的选用

所选消防水泵产品应符合《消防泵》(GB 6245—2006)的规定,并通过国家消防装备质量监督检验中心的检测。

(1)消防水泵的选择和应用应符合的规定

①消防水泵的性能,应满足消防给水系统所需流量和压力的要求。

②消防水泵所配驱动器的功率,应满足所选水泵流量扬程性能曲线上任何一点运行所需功率的要求。

③当采用电动机驱动的消防水泵时,应选择电动机干式安装的消防水泵。

④流量扬程性能曲线应为无驼峰、无拐点的光滑曲线,零流量时的压力不应大于设计工作压力的140%,但宜大于设计工作压力的120%。

⑤当出口流量为设计流量的150%时,其出口压力不应低于设计工作压力的65%。

⑥泵轴的密封方式和材料应满足消防水泵在低流量运转时的要求。

⑦消防给水同一泵组的消防水泵型号宜一致,且工作泵不宜超过3台。

⑧多台消防水泵并联时,应校核流量叠加对消防水泵出口压力的影响。

(2)消防水泵的主要材质应符合的规定

①水泵外壳宜为球墨铸铁。

②叶轮宜为青铜或不锈钢。

(3)采用柴油机消防水泵时应符合的规定

①柴油机消防水泵应采用压缩式点火型柴油机。

②柴油机的额定功率应校核海拔和环境温度对柴油机功率的影响。

③柴油机消防水泵应具备连续工作性能,试验运行时间不应小于24 h。

④柴油机消防水泵应具备连续工作性能,其应急电源应满足消防水泵随时自动启泵和在设计持续供水时间内持续运行的要求。

⑤柴油机消防水泵的供油箱应根据火灾延续时间确定,且油箱最小有效容积应按1.5 L/kW配置,柴油机消防水泵油箱内储存的燃料不应小于其储量的50%。

(4)轴流深井泵的安装应符合的规定

①轴流深井泵安装于水井时,其淹没深度应满足其可靠运行的要求,在水泵出流量为150%设计流量时,其最低淹没深度应是第一个水泵叶轮底部水位线以上不少于3.2 m,且海拔每增加300 m,深井泵的最低淹没深度应至少增加0.3 m。

②轴流深井泵安装在消防水池等消防水源上时,其第一个水泵叶轮底部应低于消防水池的最低有效水位线,且淹没深度应根据水力条件计算确定,并应满足消防水池等消防水源有效储水量或有效水位能全部被利用的要求;当水泵设计流量大于125 L/s时,应根据水泵性能确定淹没深度,并应满足水泵气蚀余量的要求。

③轴流深井泵的出水管与消防给水管网连接应符合《消防给水及消火栓系统技术规范》(GB 50974—2014)的有关规定。

④轴流深井泵出水管的阀门设置应符合《消防给水及消火栓系统技术规范》(GB 50974—2014)的有关规定。

⑤当消防水池最低水位低于离心水泵出水管中心线或水源水位不能保证离心水泵吸水时,可采用轴流深井泵,并应采用湿式深坑的安装方式安装在消防水池等消防水源上。

⑥当轴流深井泵的电动机在露天设置时,应具有防雨功能。

⑦其他应符合国家标准《室外给水设计标准》(GB 50013—2018)的有关规定。

3)消防水泵的串联和并联

消防水泵的串联是将一台泵的出水口与另一台泵的吸水管直接连接,且两台泵同时运行。消防水泵的串联在流量不变时可增加扬程,因此当单台消防水泵的扬程不能满足最不利点喷头的水压要求时,系统可采用串联消防给水系统。消防水泵的串联宜采用相同型号、相同规格的消防水泵。在控制上,应先开启前面的消防水泵,后开启后面(按水流方向)的消防水泵。在有条件的情况下,应尽量选用多级泵。

消防水泵的并联是指由两台或两台以上的消防水泵同时向消防给水系统供水。消防水泵并联的作用主要在于增大流量,但在流量叠加时,系统的流量会有所下降,选泵时应考虑这种因素。也就是说,并联工作的总流量增加了,但单台消防水泵的流量却有所下降,故应适当加大单台消防水泵的流量。并联时也宜选用相同型号和规格的消防水泵,以使消防水泵的出水压力相等、工作状态稳定。

4)消防水泵的吸水

根据离心泵的特性,水泵启动时其叶轮必须浸没在水中。为保证消防水泵及时、可靠地启动,吸水管应采用自灌式吸水,如图1.5所示,即泵轴的高程要低于水源的最低可用水位。自灌式吸水时,吸水管上应装设阀门,以便于检修。

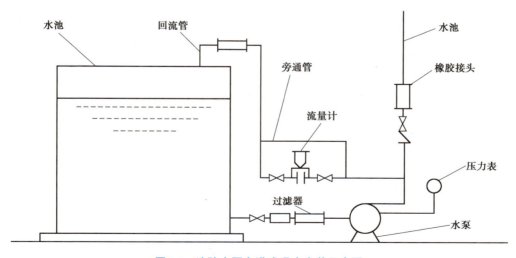

图1.5　消防水泵自灌式吸水安装示意图

①消防水泵应采取自灌式吸水。

②从市政给水管网直接吸水的消防水泵,在其出水管上应设置有空气隔断的倒流防止器。

③当吸水口处无吸水井时,吸水口处应设置旋流防止器。

5)消防水泵管路的布置要求

(1)消防水泵吸水管的布置

消防水泵吸水管应保证不漏气,且在布置时应注意以下几点:

①一组消防水泵,吸水管不应少于两条,当其中一条损坏或检修时,其余吸水管应仍能通过全部消防给水设计流量。

②消防水泵吸水管布置应避免形成气囊。

③消防水泵吸水口的淹没深度应满足其在最低水位运行安全的要求,吸水管喇叭口在消防水池最低有效水位下的淹没深度应根据吸水管喇叭口的水流速度和水力条件确定,但不宜小于600 mm,当采用旋流防止器时,其淹没深度不应小于200 mm。

④消防水泵的吸水管上应设置明杆闸阀或带自锁装置的蝶阀,当设置暗杆阀门时应设有开启刻度和标志;当管径超过DN300时,宜设置电动阀门。

⑤消防水泵吸水管的直径小于DN250时,其流速宜为1.0~1.2 m/s;当吸水管直径大于DN250时,其流速宜为1.2~1.6 m/s。

⑥吸水井的布置应满足井内水流顺畅、流速均匀、不产生涡旋的要求,并应便于安装施工。

⑦消防水泵的吸水管穿越消防水池时,应采用柔性套管;采用刚性防水套管时,应在水泵吸水管上设置柔性接头,且管径不应大于DN150。

⑧消防水泵吸水管可设置管道过滤器,管道过滤器的过水面积应大于管道过水面积的4倍,且孔径不宜小于3 mm。

⑨消防水泵吸水管水平管段上不应有气囊和漏气现象。变径连接时,应采用偏心异径管件管顶平接的连接方式。

(2)消防水泵出水管的布置

消防水泵出水管路应能承受一定的压力,保证不漏水,在布置上应注意以下几点:

①一组消防水泵应设不少于两条输水干管与消防给水环状管网连接,当其中一条输水管检修时,其余输水管应仍能通过全部消防给水设计流量。

②消防水泵的出水管上应设止回阀、明杆闸阀;当采用蝶阀时,应带有自锁装置;当管径大于DN300时,宜设置电动阀门。

③消防水泵出水管直径小于DN250时,其流速宜为1.5~2.0 m/s;当出水管直径大于DN250时,其流速宜为2.0~2.5 m/s。

④消防水泵出水管上应安装消声止回阀、控制阀和压力表;安装压力表时应加设缓冲装置;压力表和缓冲装置之间应安装旋塞。

(3)消防水泵吸水管和出水管上压力表的设置

①消防水泵出水管压力表的最大量程不应低于其设计工作压力的2倍,且不应低于1.60 MPa。

②消防水泵吸水管宜设置真空表、压力表或真空压力表,压力表的最大量程应根据工程的具体情况确定,但不应低于0.7 MPa,真空表的最大量程宜为−0.1 MPa。

③压力表的直径不应小于100 mm,应采用直径不小于6 mm的管道与消防水泵进出口管相连接,并应设置关断阀门。

（4）流量和压力测试装置

一组消防水泵应在消防水泵房内设置流量和压力测试装置,并应符合下列规定:

①单台消防水泵的流量应不大于20 L/s、设计工作压力不大于0.50 MPa时,泵组应预留测量用流量计和压力计接口,其他泵组宜设置泵组流量和压力测试装置。

②消防水泵流量检测装置的计量精度应为0.4级,最大量程的75%应大于最大一台消防水泵设计流量值的175%。

③消防水泵压力检测装置的计量精度应为0.5级,最大量程的75%应大于最大一台消防水泵设计压力值的165%。

④每台消防水泵出水管上应设置DN65的试水管,并应采取排水措施。

6)消防水泵的启动装置及动力装置

（1）消防水泵的启动装置

①消防水泵应能手动启停和自动启动,且应确保从接到启泵信号到水泵正常运转的自动启动时间不应大于2 min。消防水泵不应设置自动停泵的控制功能,停泵应由具有管理权限的工作人员根据火灾扑救情况确定。

②消防水泵应由消防水泵出水干管上设置的压力开关、高位消防水箱出水管上的流量开关,或报警阀压力开关等开关信号直接自动启动。消防水泵房内的压力开关宜引入消防水泵控制柜内。

③消火栓按钮不宜作为直接启动消防泵的开关,但可作为发出报警信号的开关或启动干式消火栓系统的快速启闭装置等。

④稳压泵应由消防给水管网或气压水罐上设置的稳压泵自动启停泵压力开关或压力变送器控制。

（2）消防水泵控制柜的设置要求

消防水泵控制柜应设置在消防水泵房或专用的消防水泵控制室内,并应符合下列要求:

①消防水泵控制柜在平时应使消防水泵处于自动启泵状态。

②当自动水灭火系统为开式系统,且设置自动启动的确有困难时,经论证后消防水泵可设置为手动启动状态,并应确保24 h有人值班。

③消防水泵控制柜设置在专用消防水泵控制室时,其防护等级不应低于IP30;与消防水泵设置在同一空间时,其防护等级不应低于IP55。

④消防水泵控制柜应采取防止被水淹没的措施。在高温、潮湿环境下,消防水泵控制柜内应设置自动防潮除湿装置。

⑤消防水泵控制柜应具有机械应急启泵功能,且机械应急启泵时,消防水泵应能在接收火警信号后5 min内进入正常运行状态。

⑥消防水泵控制柜前面板的明显部位应设置应急打开柜门的装置。

⑦消防水泵控制柜应设有显示消防水泵工作状态和故障状态的输出端子,以及远程控制

消防水泵启动的输入端子。控制柜应具有自动巡检可调、显示巡检状态和信号等功能,且对话界面应有中文,图标应便于识别和操作。

（3）消防水泵的动力装置

①消防水泵的供电应按《供配电系统设计规范》（GB 50052—2009）的规定进行设计。消防转输泵的供电应符合消防泵的供电要求。消防泵、消防稳压泵及消防转输泵应有不间断的动力供应,也可采用内燃机作为动力装置。

②消防水泵的双电源自动切换时间不应大于2 s。一路电源与内燃机动力的切换时间不应大于15 s。

7)通信报警设备

消防水泵房应设有直通本单位消防控制中心或消防救援机构的联络通信设备,以便在发生火灾后能及时与消防控制中心或消防救援机构取得联系。

1.1.5　消防水池

符合下列规定之一时,应设置消防水池:

①当生产、生活用水量达到最大时,市政给水管网或入户引入管无法满足室内、室外消防给水的设计流量。

②当采用一路消防供水或只有一条入户引入管,且室外消火栓设计流量大于20 L/s或建筑高度大于50 m时。

③市政消防给水设计流量小于建筑室内外消防给水设计流量。

（1）设置要求

①当市政给水管网能保证室外消防给水设计流量时,消防水池的有效容量应满足在火灾延续时间内建（构）筑物室内消防用水量的要求。

②当市政给水管网不能保证室外消防给水设计流量时,消防水池的有效容量应满足在火灾延续时间内建（构）筑物室内消防用水量和室外消防用水量不足部分之和的要求。

③消防水池进水管应根据其有效容积和补水时间确定,补水时间不宜大于48 h,但当消防水池有效总容积大于2 000 m³时,补水时间不应大于96 h,消防水池进水管管径应经计算确定,且不应小于DN100。

④消防水池的总蓄水有效容积大于500 m³时,宜设置两格能独立使用的消防水池;当大于1 000 m³时,应设置能独立使用的两座消防水池。每格（或座）消防水池应设置独立的出水管,并应设置满足最低有效水位的连通管,且其管径应能满足消防给水设计流量的要求。

⑤消防用水与其他用水共用的水池,应采取保证水池中的消防用水量不作他用的技术措施。

⑥消防水池的水位应能就地和在消防控制室显示,消防水池应设置高低水位报警装置。

⑦消防水池的出水管应保证消防水池有效容积内的水能被全部利用,水池的最低有效水位或消防水泵吸水口的淹没深度应满足消防水泵在最低水位运行安全和实现设计出水量的要求。消防水池应设置溢流水管和排水设施,并应采用间接排水。

⑧储存有室外消防用水的供消防车取水的消防水池,应设有供消防车取水的取水口或取水井,且吸水高度不应大于6 m;取水口或取水井与被保护建筑物（水泵房除外）的外墙距离不宜小于15 m,与甲、乙、丙类液体储罐的距离不宜小于40 m,与液化石油气储罐的距离不宜小

于60 m,当采取防止辐射热的保护措施时距离可减小为40 m。

（2）容积计算

水池的容积分为有效容积(储水容积)和无效容积(附加容积),其总容积为有效容积与无效容积之和。

消防水池的有效容积为

$$V = 3.6\left(\sum_{i=1}^{n} q_i t_i - q_b t_{ij}\right) \tag{1.1}$$

式中 V——消防水池的有效容积,m³;

q_i——第 i 种消防设施的设计秒流量,L/s;

t_i——第 i 种消防设施的火灾延续时间,h;

q_b——火灾延续时间内外网可靠连续补充水量,L/s;

t_{ij}——t_i 中的最大者,h。

火灾延续时间是指从消防车到达火场后开始出水时起,至火灾被基本扑灭的一段时间。不同场所消火栓系统和固定冷却水系统的火灾延续时间不应小于表1.1的规定。

表1.1 不同场所的火灾延续时间

建筑			场所与火灾危险性	火灾延续时间/h
建筑物	工业建筑	仓库	甲、乙、丙类仓库	3.0
			丁、戊类仓库	2.0
		厂房	甲、乙、丙类厂房	3.0
			丁、戊类厂房	2.0
	民用建筑	公共建筑	高层建筑中的商业楼、展览楼、综合楼,建筑高度大于50 m的财贸金融楼、图书馆、书库、重要的档案楼、科研楼和高级宾馆等	3.0
			其他公共建筑	2.0
			住宅	
	人防工程		建筑面积小于3 000 m²	1.0
			建筑面积大于或等于3 000 m²	2.0
			地下建筑、地铁车站	
构筑物	煤、天然气、石油及其产品的工艺装置		—	3.0
	甲、乙、丙类可燃液体储罐		直径大于20 m的固定顶罐和直径大于20 m浮盘用易熔材料制作的内浮顶罐	6.0
			其他储罐	4.0
			覆土油罐	
	液化烃储罐、沸点低于45 ℃甲类液体、液氨储罐			6.0
	空分站、可燃液体、液化烃的火车和汽车装卸栈台			3.0
	变电站			2.0

续表

建筑		场所与火灾危险性	火灾延续时间/h
构筑物	装卸油品码头	甲、乙类可燃液体油品一级码头	6.0
		甲、乙类可燃液体油品二、三级码头 丙类可燃液体油品码头	4.0
		海港油品码头	6.0
		河港油品码头	4.0
		码头装卸区	2.0
	装卸液化石油气船码头		6.0
	液化石油气加气站	地上储气罐加气站	3.0
		埋地储气罐加气站	1.0
		加油和液化石油气加气合建站	
	易燃、可燃材料露天、半露天堆场,可燃气体罐区	粮食土圆囤、席穴囤	6.0
		棉、麻、毛、化纤百货	
		稻草、麦秸、芦苇等	
		木材等	
		露天或半露天堆放煤和焦炭	3.0
		可燃气体储罐	

自动喷水灭火系统、泡沫灭火系统、水喷雾灭火系统、固定消防炮灭火系统、自动跟踪定位射流灭火系统等水灭火系统的火灾延续时间,应分别按《自动喷水灭火系统设计规范》(GB 50084—2017)、《泡沫灭火系统技术标准》(GB 50151—2021)、《水喷雾灭火系统技术规范》(GB 50219—2014)和《固定消防炮灭火系统设计规范》(GB 50338—2003)的有关规定执行。建筑内用于防火分隔的防火分隔水幕和防护冷却水幕的火灾延续时间,不应小于其设置部位墙体的耐火极限。

城市交通隧道的火灾延续时间不应小于表1.2的规定,一类城市交通隧道的火灾延续时间应根据火灾危险性分析确定,确有困难时,可按不小于3 h计。

表1.2　城市交通隧道的火灾延续时间

用途	类别	长度/m	火灾延续时间/h
可通行危险化学品等机动车	二	500<L≤1 500	3.0
	三	L≤500	2.0
仅限通行非危险化学品等机动车	二	1 500<L≤3 000	3.0
	三	500<L≤1 500	2.0

当建筑群共用消防水池时,消防水池的容积应按消防用水量最大的一幢建筑物的用水量计算确定。

（3）消防水池的补水

消防水池的有效容积应满足设计持续供水时间内的消防用水量要求，当消防水池采用两路消防供水且在火灾中连续补水能满足消防用水量要求时，在仅设置室内消火栓系统的情况下，有效容积应大于或等于50 m³，其他情况下应大于或等于100 m³。

（4）高位消防水池的有效容积

高位消防水池的最低有效水位应能满足其服务的水灭火设施所需的工作压力和流量，且其有效容积应满足火灾延续时间内所需的消防用水量，并应符合下列规定：

①高位消防水池的有效容积、出水、排水和水位等应符合《消防给水及消火栓系统技术规范》（GB 50974—2014）的有关规定。

②高位消防水池的通气管和呼吸管等应采取防止鼠虫等进入的技术措施。

③除可一路消防供水的建筑物外，向高位消防水池供水的给水管不应少于2条。

④当高层民用建筑采用高位消防水池供水的高压消防给水系统时，高位消防水池储存室内消防用水量确有困难，但发生火灾时补水可靠，其总有效容积不应小于室内消防用水量的50%。

⑤高层民用建筑高压消防给水系统的高位消防水池总有效容积大于200 m³时，宜设置蓄水有效容积相等且可独立使用的两格；当建筑高度大于100 m时应设置独立的两座。每格（或座）应有一条独立的出水管向消防给水系统供水。

⑥高位消防水池设置在建筑物内时，应采用耐火极限不低于2.00 h的隔墙和1.50 h的楼板与其他部位隔开，并应设置甲级防火门，且消防水池及其支承框架与建筑构件应连接牢固。

1.1.6　消防供水管道

1）室外消防给水管道

（1）室外消防给水管道的布置要求

①室外消防给水采用两路消防供水时，应布置成环状，当采用一路消防供水时，可布置成枝状。

②向环状管网输水的进水管不应少于2条，当其中一条发生故障时，其余进水管应能满足消防用水总量的供给要求。

③消防给水管道应采用阀门分成若干独立段，每段室外消火栓的数量不宜超过5个。

④管道的直径应根据流量、流速和压力要求经计算确定，但不应小于DN100，有条件的应不小于DN150。

⑤室外消防给水管道设置的其他要求应符合《室外给水设计标准》（GB 50013—2018）的有关规定。

（2）管材、阀门和敷设

①管材。埋地管道宜采用球墨铸铁管、钢丝网骨架塑料复合管和加强防腐的钢管等管材，室内外架空管道应采用热浸镀锌钢管等金属管材，并应考虑系统工作压力、覆土深度、土壤的性质以及管道的耐腐蚀能力，可能受到土壤、建筑基础、机动车和铁路等其他附加荷载的影响以及管道穿越伸缩缝和沉降缝等综合影响，应根据实际情况选择管材和设计管道。

a.埋地管道。当系统工作压力不大于1.20 MPa时，宜采用球墨铸铁管或钢丝网骨架塑料复合管作为给水管道;当系统工作压力大于 1.20 MPa 且小于 1.60 MPa 时,宜采用钢丝网骨架塑料复合管、加厚钢管和无缝钢管;当系统工作压力大于 1.60 MPa 时,宜采用无缝钢管。

　　b.架空管道。当系统工作压力小于或等于 1.20 MPa 时,可采用热浸镀锌钢管;当系统工作压力大于 1.20 MPa 且小于 1.60 MPa 时,应采用热浸镀锌加厚钢管或热浸镀锌无缝钢管;当系统工作压力大于 1.60 MPa 时,应采用热浸镀锌无缝钢管。

　　②阀门。

　　A.消防给水系统的阀门选择应符合:

　　a.埋地管道的阀门宜采用带启闭刻度的暗杆闸阀,当设置在阀门内时可采用耐腐蚀的明杆闸阀。

　　b.室内架空管道的阀门宜采用蝶阀、明杆闸阀或带启闭刻度的暗杆闸阀等。

　　c.室外架空管道宜采用带启闭刻度的暗杆闸阀或耐腐蚀的明杆闸阀。

　　d.消防给水系统管道的最高点处宜设置自动排气阀。消防水泵出水管上的止回阀宜采用水锤消除止回阀,当消防水泵供水高度超过 24 m 时,应采用水锤消除器。当消防水泵出水管上设有囊式气压水罐时,可不设水锤消除设施。在寒冷、严寒地区,室外阀门井应采取防冻措施,消防给水系统的室内外消火栓、阀门等设置位置,应设置永久性固定标志。

　　B.减压阀的设置应符合:

　　a.减压阀应设置在报警阀组入口前,当连接 2 个及以上报警阀组时应设置备用减压阀;

　　b.减压阀的进口处应设置过滤器,过滤器的孔网直径不宜小于 4~5 目/cm²,过流面积不宜小于管道截面面积的 4 倍;

　　c.过滤器和减压阀前后应设置压力表,压力表的表盘直径不应小于 100 mm,最大量程宜为设计压力的 2 倍;

　　d.过滤器前和减压阀后应设置控制阀门;

　　e.减压阀后应设置压力试验排水阀;

　　f.减压阀应设置流量检测测试接口或流量计;

　　g.垂直安装的减压阀,水流方向宜向下;

　　h.比例式减压阀宜垂直安装,可调式减压阀宜水平安装;

　　i.减压阀和控制阀门宜有保护或锁定调节配件的装置;

　　j.接减压阀的管段不应有气堵、气阻。

　　③敷设。埋地管道的地基、基础、垫层、回填土压实度等的要求,应根据刚性管或柔性管管材的性质,结合管道埋设处的具体情况,按《给水排水管道工程施工及验收规范》(GB 50268—2008)和《给水排水工程管道结构设计规范》(GB 50332—2002)的有关规定执行。当埋地管直径不小于 DN100 时,应在管道弯头、三通和堵头等位置设置钢筋混凝土支墩。消防给水管道不宜穿越建筑基础,当必须穿越时,应采取防护套管等保护措施。埋地钢管和铸铁管,应根据土壤和地下水腐蚀性等因素确定管外壁防腐措施;海边、空气潮湿等空气中含有腐蚀性介质的场所的架空管道外壁应采取相应的防腐措施。

2)室内消防给水管道

室内消防给水管道是室内消火栓给水系统的重要组成部分,为确保供水安全可靠,其在布置时应符合下列规定:

①室内消火栓系统管网应布置成环状,当室外消火栓设计流量不大于 20 L/s,且室内消火栓不超过 10 个时,除《消防给水及消火栓系统技术规范》(GB 50974—2014)第 8.1.2 条规定的情形外,可布置成枝状。

②当由室外生产生活消防合用系统直接供水时,合用系统除应满足室外消防给水设计流量以及生产和生活最大小时设计流量的要求外,还应满足室内消防给水系统的设计流量和压力要求。

③室内消防管道管径应根据系统设计流量、流速和压力要求经计算确定;室内消火栓竖管管径应根据竖管最低流量经计算确定,但不应小于 DN100。

④室内消火栓环状给水管道检修时应符合下列规定:

a.室内消火栓竖管应保证检修管道时,关闭停用的竖管不超过 1 根,当竖管超过 4 根时,可关闭不相邻的 2 根。

b.每根竖管与供水横干管相接处应设置阀门。

⑤室内消火栓给水管网宜与自动喷水等其他水灭火系统的管网分开设置;当合用消防泵时,供水管路应沿水流方向在报警阀前分开设置。

⑥消防给水管道的设计流速不宜大于 2.5 m/s,自动喷水灭火系统管道设计流速应符合《自动喷水灭火系统设计规范》(GB 50084—2017)、《泡沫灭火系统技术标准》(GB 50151—2021)、《水喷雾灭火系统技术规范》(GB 50219—2014)和《固定消防炮灭火系统设计规范》(GB 50338—2003)的有关规定,但任何消防管道的给水流速都不应大于 7 m/s。

1.1.7　消防水泵接合器

消防水泵接合器是供消防车向消 　　　　　防用水的预留接口。它既可用于补充消防水量,也可用于提高消防给水

在火灾情况下,当建筑物内　　　　　室内消防用水量不足时,消防车从室外取水通过水泵接合器将水送到室内　　　　　以供灭火使用。

1)组成

水泵接合器由阀门、安全阀、止回阀、栓口放水阀以及连接弯管等组成。在室外从水泵接合器栓口给水时,安全阀起到保护系统的作用,以防止补水压力超过系统的额定压力;水泵接合器设有止回阀,以防止系统的给水从水泵接合器流出;考虑到安全阀和止回阀的检修需要,还应设置阀门;放水阀具有泄水作用,用于防冻。水泵接合器组件的排列次序应合理,按水泵接合器给水的方向,依次是止回阀、安全阀和阀门。

2)设置要求

①高层民用建筑、设有消防给水的住宅、超过5层的其他多层民用建筑、超过2层或建筑面积大于10 000 m²的地下或半地下建筑(室)、室内消火栓设计流量大于10 L/s平战结合的人防工程、高层工业建筑和超过4层的多层工业建筑、城市交通隧道的室内消火栓给水系统应设置消防水泵接合器;自动喷水灭火系统、水喷雾灭火系统、泡沫灭火系统和固定消防炮灭火系统等水灭火系统均应设置消防水泵接合器。

②消防水泵接合器的给水流量宜按每个10~15 L/s计算。每种水灭火系统的消防水泵接合器设置的数量应按系统设计流量确定,但当计算数量超过3个时,可根据供水可靠性适当减少。

③临时高压消防给水系统向多栋建筑供水时,消防水泵接合器应在每座建筑附近就近设置。

④消防水泵接合器的供水范围,应根据当地消防车的供水流量和压力确定。

⑤消防给水为竖向分区供水时,在消防车供水压力范围内的分区,应分别设置水泵接合器;当建筑高度超过消防车供水高度时,消防给水应在设备层等方便操作的地点设置手抬泵或移动泵接力供水的吸水和加压接口。

⑥消防水泵接合器应设置在室外便于消防车使用的地点,且距室外消火栓或消防水池的距离不宜小于15 m,并不宜大于40 m。

⑦墙壁消防水泵接合器的安装高度距地面宜为0.7 m;与墙面上的门、窗、孔洞的净距离不应小于2 m,且不应安装在玻璃幕墙下方;地下消防水泵接合器的安装,应使进水口与井盖底面距离不大于0.4 m,且不应小于井盖半径。

⑧消防水泵接合器处应标识每个水泵接合器的供水系统名称,设置永久性标志铭牌,并应标明供水系统、供水范围和额定压力。

【技能提升】

消防供水设施的检查和功能测试

一、实训任务

本任务是对消防供水设施的工作状态、故障状态进行检查,并对相关功能进行测试。通过完成该任务,掌握消防供水设施的检查和功能测试方法。

二、实训目的

1.能够正确检查稳压泵的电源状态、自动启停、手动启停情况;

2.能够正确测量最不利点处的静水压力;

3.能够正确检查消防水箱管路各阀门的启闭状态;

4.能够正确判断消防水箱当前有效储水量;

5.能够正确检查消防水箱的补水能力并记录补水时间。

三、实施条件

要实施该项目,应准备一套已投入使用并符合相关国家标准规定要求的消防给水系统和相关设备。

四、操作指导

1.检查消防水泵接合器、消防水池、消防水箱和消防稳压设施的数量、规格、型号和安装位置是否符合设计文件的要求。

2.检查稳压泵供电情况,确保自动、手动启停是否正常,主、备电源是否正常自动切换(稳压泵启停次数一小时内不超过15次)。同时,测量最不利点处静水压力是否符合设计要求(最不利点处静水压力相关要求见本教材项目1.1中高位消防水箱相关规定)。

3.检查消防水箱管路各阀门是否处于正常启闭状态,查看液位计,判断当前有效储水量。

4.关闭补水管路阀门,泄放一定水量后再打开补水管路阀门,记录补水时间,检查补水能力。

五、实训记录表

消防供水设施的检查和功能测试记录表

序号	检查项目名称	检查内容记录	检查结果评定
1	稳压泵的电源状态、自动启停、手动启停情况		
2	最不利点处静水压力		
3	消防水箱管路各阀门的启闭状态		
4	消防水箱当前有效储水量		
5	消防水箱补水能力		
	结论		

【自我测评】

一、单选题

1.下列几种阀门中,其功能不是调节水量的是(　　　)。

　A.球阀　　　　　　B.蝶阀　　　　　　C.闸阀　　　　　　D.安全阀

2.下列不属于消防给水设施的是(　　　)。

　A.消防水池　　B.消防水泵　　　C.室内消火栓　　　D.消防水箱

3.消防水泵吸水管的布置应避免形成气囊。变径连接时,应采用(　　)管件连接。

A.同心异径　　　　　　　　　　B.同心异径或偏心异径

C.偏心异径　　　　　　　　　　D.可曲挠橡胶

4.下列不能作为消防水泵自动启动信号的是(　　)。

A.消火栓按钮信号

B.在消防水泵出水干管上设置的压力开关信号

C.高位消防水箱出水管上的流量开关信号

D.报警阀压力开关信号

5.消防水池进水管应根据其有效容积和补水时间确定,补水时间不宜大于(　　)。

A.96 h　　　　　　B.48 h　　　　　　C.24 h　　　　　　D.12 h

6.消防水池进水管管径应经计算确定,且不应小于(　　)。

A.DN100　　　　　B.DN80　　　　　C.DN65　　　　　D.DN50

二、多选题

1.某多层科研楼设有室内消防给水系统,其高位消防水箱进水管管径为DN100。该高位消防水箱溢流管的下列设置方案中,正确的有(　　)。

A.溢流水管经排水沟与建筑排水管网连接

B.溢流水管上安装用于检修的闸阀

C.溢流管采用DN150的钢管

D.溢流管的喇叭口直径为250 mm

E.溢流水位低于进水管口的最低点100 mm

2.下列关于消防水泵选用的说法中,正确的有(　　)。

A.柴油机消防水泵应采用火花塞点火型柴油机

B.消防水泵流量扬程性能曲线应平滑,无拐点,无驼峰

C.消防给水同一泵组的消防水泵型号应一致,且工作泵不宜超过5台

D.消防水泵泵轴的密封方式和材料应满足消防水泵在最低流量时运转的要求

E.电动机驱动的消防水泵,应选择电动机干式安装的消防水泵

3.下列有关消防水泵控制与操作的说法正确的是(　　)。

A.消防水泵不应设置停泵的控制功能

B.消防水泵应确保从接到启泵信号到水泵正常运转的自动启动时间不应大于5 min

C.消防水泵控制柜在平时应使消防水泵处于自动启泵状态

D.消防水泵应能自动启动和手动启动

E.消防水泵机械应急启动时,应确保消防水泵在报警后5 min内正常工作

三、简答题

1.简述设置消防水箱的目的。

2.简述稳压泵的工作原理。

项目1.2　室外消火栓系统

【学习目标】

1.了解室外消火栓系统的组成；
2.熟悉室外消火栓系统的工作原理；
3.了解室外消火栓系统的设置要求；
4.能够使用室外消火栓进行灭火。

【案例引入】

某消防公司不按照国家标准、
行业标准开展消防技术服务活动案件

基本案情：2024年11月，袁州区消防救援大队在检查时，发现该单位在对袁州区城西某酒店进行社会消防技术服务活动中，对"消防给水及消火栓系统"和"自动喷水灭火系统"项目维保中未按照国家标准、行业技术标准开展消防技术服务活动，在"消防水泵及控制柜""消火栓水泵的连锁启动""水流指示器""报警阀组"功能实测记录中备注为"不涉及"。

法律依据及处罚：该行为违反了《消防给水及消火栓系统技术规范》第14.0.1条、《自动喷水灭火系统施工及验收规范》第9.0.1条以及《中华人民共和国消防法》第三十四条有关规定，根据《中华人民共和国消防法》第六十九条第一款之规定，对该单位予以罚款人民币1万元，没收违法所得990元，共计人民币10 990元的行政处罚；对项目负责人予以罚款人民币1 000元整的行政处罚；对消防设施操作员予以罚款人民币1 000元整的行政处罚（2025年3月处罚）。

启示：消防技术工作责任重于泰山，每一次检测、每一份记录都关乎安全底线与法律责任，必须精研规范、严谨操作、如实记录、坚守底线、敬畏法律，容不得丝毫懈怠与虚假。

【知识精析】

室外消火栓系统的任务是通过室外消火栓为消防车等消防设备提供消防用水，或通过进户管为室内消防给水设备提供消防用水。室外消火栓给水系统应满足扑救火灾时各种消防用水设备对水量、水压和水质的基本要求。

1.2.1　系统组成

室外消火栓给水系统通常是指室外消防给水系统，它是设置在建筑物外墙的消防给水系统，主要承担城市、集镇、居住区或工矿企业等室外部分的消防给水任务。

室外消火栓给水系统由消防水源、消防供水设备、室外消防给水管网和室外消火栓灭火设施组成。室外消防给水管网包括进水管、干管和相应的配件、附件;室外消火栓灭火设施包括室外消火栓、水带、水枪等。

1.2.2 系统工作原理

1)高压消防给水系统

高压消防给水系统管网内应经常保持足够的压力和消防用水量。当火灾发生后,现场人员可从设置在附近的消火栓箱内取出水带和水枪,将水带与消火栓栓口连接,接上水枪,打开消火栓阀门,直接出水灭火。

2)临时高压消防给水系统

临时高压消防给水系统中设有消防泵,平时管网内压力较低。当火灾发生后,现场人员可从设置在附近的消火栓箱内取出水带和水枪,将水带与消火栓栓口连接,接上水枪,打开消火栓阀门,通知水泵房启动消防水泵,使管网内的压力达到高压给水系统的水压要求,消火栓即可投入使用。当室外采用高压或临时高压给水系统时,宜与室内消防给水系统合用,独立的室外临时高压消防给水系统宜采用稳压泵维持系统的充水和压力。

3)低压消防给水系统

低压消防给水系统管网内的压力较低,当火灾发生后,消防人员打开最近的室外消火栓,将消防车与室外消火栓连接,从室外管网内吸水加入消防车内,然后利用消防车直接加压灭火,或由消防车通过水泵接合器向室内管网内加压供水。建筑物室外宜采用低压消防给水系统,当采用市政给水管网时,应采用双路消防供水,除建筑高度不超过54 m的住宅外,室外消火栓设计流量小于或等于20 L/s时,可采用一路消防供水,且室外消火栓应由市政给水管网直接供水。

1.2.3 系统设置要求

1)室外消火栓的设置范围

①城镇(包括居住区、商业区、开发区、工业区等),应沿可通行消防车的街道设置市政消火栓系统。

②建筑占地面积大于300 m²的厂房、仓库和民用建筑,用于消防救援和消防车停靠的建筑屋面或高架桥,地铁车站及其附属建筑、车辆基地,应设置室外消火栓系统。

③居住人数不大于500人且建筑层数不大于2层的居住区,可不设置市政消火栓系统;城市轨道交通工程的地上区间和一、二级耐火等级且建筑体积不大于3 000 m²的戊类厂房,可不设置室外消火栓系统。

2)室外消火栓的设置要求

（1）市政消火栓

①市政消火栓宜采用地上式室外消火栓;在严寒、寒冷等冬季结冰地区宜采用干式地上式室外消火栓,严寒地区宜增设消防水鹤。当采用地下式室外消火栓时,地下消火栓井的直径不宜小于 1.5 m,且当地下式室外消火栓的取水口在冰冻线以上时,应采取保温措施。地下式市政消火栓应有明显的永久性标志。

②市政消火栓宜采用直径 DN150 的室外消火栓,室外地上式消火栓应有一个直径为 150 mm 或 100 mm 和两个直径为 65 mm 的栓口。室外地下式消火栓应有直径为 100 mm 和 65 mm 的栓口各一个。

③市政消火栓宜在道路的一侧设置,并宜靠近十字路口,但当市政道路宽度超过 60 m 时,应在道路两侧交叉错落设置市政消火栓。市政桥桥头和城市交通隧道出入口等市政公用设施处,应设置市政消火栓,市政消火栓的保护半径不应超过 150 m,间距不应大于 120 m。

④市政消火栓应布置在消防车易于接近的人行道和绿地等地点,且不应妨碍交通。应避免设置在机械易撞击的地点,确有困难时,应采取防撞措施。市政消火栓距路边不宜小于 0.5 m,并不应大于 2 m,距建筑外墙或外墙边缘不宜小于 5 m。

⑤当市政给水管网设有市政消火栓时,其平时运行工作压力不应小于 0.14 MPa,火灾时水力最不利市政消火栓的出流量不应小于 15 L/s,且供水压力从地面算起不应小于 0.10 MPa。

⑥严寒地区在城市主要干道上设置消防水鹤的布置间距宜为 1 000 m,连接消防水鹤的市政给水管的管径不宜小于 DN200,火灾时消防水鹤的出流量不宜低于 30 L/s,且供水压力从地面算起不应小于 0.1 MPa。

（2）室外消火栓

①建筑室外消火栓的布置除应符合本节的规定外,还应符合市政消火栓章节的有关规定。

②建筑室外消火栓的数量应根据室外消火栓设计流量和保护半径计算确定,保护半径不应大于 150 m,每个室外消火栓的出流量宜按 10~15 L/s 计算,室外消火栓宜沿建筑周围均匀布置,且不宜集中布置在建筑一侧;建筑消防扑救面一侧的室外消火栓数量不宜少于 2 个。

③人防工程、地下工程等建筑应在出入口附近设置室外消火栓,距出入口的距离不宜小于 5 m,并不宜大于 40 m;停车场的室外消火栓宜沿停车场周边设置,与最近一排汽车的距离不宜小于 7 m,距加油站或油库不宜小于 15 m。

④甲、乙、丙类液体储罐区和液化罐罐区等构筑物的室外消火栓,应设在防火堤或防护墙外,数量应根据每个罐的设计流量经计算确定,但距罐壁 15 m 范围内的消火栓,不应计算在该罐可使用的数量内。

⑤工艺装置区等采用高压或临时高压消防给水系统的场所,其周围应设置室外消火栓,数量应根据设计流量经计算确定,且间距不应大于 60 m。当工艺装置区宽度大于 120 m 时,宜在该工艺装置区内的路边设置室外消火栓。当工艺装置区、罐区、堆场、可燃气体和液体码头等构筑物的面积较大或高度较高,室外消火栓的充实水柱无法完全覆盖时,宜在适当部位设

置室外固定消防炮。当工艺装置区、储罐区、堆场等构筑物采用高压或临时高压消防给水系统时,其室外消火栓处宜配置消防水带和消防水枪,工艺装置区等需要设置室内消火栓的场所应设置在工艺装置休息平台处。

⑥当室外消火栓系统的室外消防给水引入管设置倒流防止器时,应在该倒流防止器前增设1个室外消火栓。

【技能提升】

使用室外消火栓灭火

一、实训任务

本任务涉及正确使用室外消火栓扑灭火灾。通过完成该任务,掌握室外消火栓灭火的操作方法。

二、实训目的

1. 能够正确打开室外消火栓出水口闷盖;

2. 能够正确连接消防水枪、消防水带和室外消火栓出水口,铺设消防水带;

3. 能够正确打开室外消火栓(如为自带消防泵组的室外消火栓,应正确操作消火栓按钮);

4. 能够正确选择灭火部位并操作消防水枪进行灭火。

三、实施条件

要实施该项目,应准备一套完好无损并符合相关国家标准规定要求的室外消火栓、消火栓扳手、消防水枪和消防水带。

四、操作指导

1. 操作前应检查水带是否破损、接口密封圈是否完好。地下消火栓需先清除井内积水后再进行操作。

2. 取出消防水带并将其完全展开,避免扭曲或折叠。将水带的一端与水枪连接。

3. 打开消火栓闷盖,将水带另一端与消火栓出水口连接,确保接口牢固无松动。

4. 两人配合操作:一人握稳水枪,另一人用消火栓扳手逆时针旋转阀门至全开状态。注意阀门开启时需缓慢,避免因水压突增导致水带脱扣。

5. 保持安全距离(通常2~3 m),在上风方向对准火焰根部左右扫射。

6. 火势控制后顺时针关闭阀门。排空水带存水,整理器材归位。

五、实训记录表

室外消火栓灭火实训记录表

序号	项目名称	操作记录	操作过程评定
1	操作前检查		
2	连接水带与水枪		
3	连接消火栓		
4	开启供水阀门		
5	灭火作业		
6	设备复位		

【自我测评】

一、单选题

1. 消防给水管道应采用阀门分成若干独立段,每段内室外消火栓的数量不宜超过(   )。

    A.2个　　　　　　　B.3个　　　　　　　C.5个　　　　　　　D.10个

2. 市政消火栓距离路边不宜小于(   )。

    A.0.3 m　　　　　　B.0.5 m　　　　　　C.1.5 m　　　　　　D.2 m

3. 市政消火栓距离建筑外墙或外墙边缘不宜小于(   )。

    A.2 m　　　　　　　B.3 m　　　　　　　C.4 m　　　　　　　D.5 m

4. 建筑消防扑救面一侧的室外消火栓数量不宜少于(   )。

    A.1个　　　　　　　B.2个　　　　　　　C.3个　　　　　　　D.4个

5. 人防工程、地下工程等建筑应在出入口附近设置室外消火栓,距离出入口不宜小于(   ),并不宜大于40 m。

    A.5 m　　　　　　　B.4 m　　　　　　　C.3 m　　　　　　　D.2 m

二、简答题

1. 简述室外消火栓的设置范围。
2. 简述室外消火栓的设置要求。

项目1.3　室内消火栓系统

【学习目标】

1.了解室内消火栓系统的组成；

2.熟悉室内消火栓系统的工作原理；

3.了解室内消火栓系统的设置要求；

4.会使用室内消火栓、消防软管卷盘、轻便消防水龙灭火。

5.能够进行消火栓系统的检查和功能测试。

【案例引入】

江西某竹木制品有限公司消防设施、器材、
消防安全标志未保持完好有效处罚案件

基本案情：2025年2月16日，高安市消防救援大队对高安市某镇的江西某竹木制品有限公司进行火灾调查时，发现该公司厂房消火栓系统中无水，属于消防设施、器材未保持完好有效。

法律依据及处罚：该行为违反了《中华人民共和国消防法》第十六条第一款第二项之规定，依据《中华人民共和国消防法》第六十条第一款第一项之规定，现决定给予江西某竹木制品有限公司罚款人民币13 000元整的行政处罚。

启示：消防设施的可靠性是生命线，绝不能"建而不管"或"带病运行"；必须严格落实日常检查、测试和维护保养责任，确保任何时候都能正常发挥作用，否则必将承担法律责任并置生命财产安全于巨大风险中。

【知识精析】

室内消火栓给水系统是建筑物中应用较广泛的一种消防设施。它既可以供火灾现场人员使用消火栓箱内的消防水喉、水枪扑救初期火灾，也可供消防救援人员扑救建筑物的大火。室内消火栓是室内消防给水管网向火场供水的带有专用接口的阀门，其进水端与消防管道相连，出水端与水带相连。

1.3.1　室内消火栓给水系统的组成

室内消火栓给水系统由消防给水、管网、室内消火栓及系统附件等组成,如图1.6所示。其中,消防给水包括市政管网、室外消防给水管网、室外消火栓、消防水池、消防水泵、消防水箱、增(稳)压设备及水泵接合器等,该设施的主要任务是为系统储存并提供灭火用水。管网包括进水管、水平干管、消防竖管等,其任务是向室内消火栓设备输送灭火用水。室内消火栓包括水带、水枪、水喉等,是供消防救援人员灭火的主要工具。系统附件包括各种阀门、屋顶消火栓等。报警控制设备主要用于启动消防水泵。

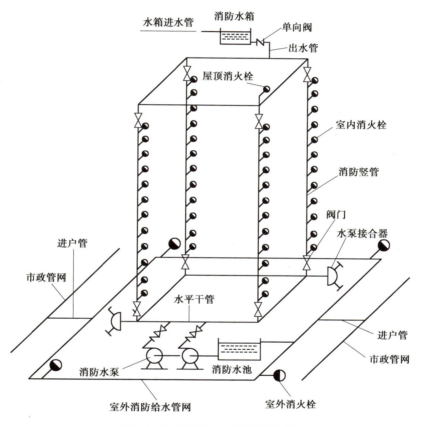

图1.6　消火栓给水系统组成示意图

1.3.2　室内消火栓给水系统的工作原理

室内消火栓给水系统的工作原理与系统采用的给水方式有关,通常针对建筑消防给水系统采用的是临时高压消防给水系统。

在临时高压消防给水系统中,系统设有消防泵和高位消防水箱。当火灾发生后,现场人员可以打开消火栓箱,将水带与消火栓栓口连接,再打开消火栓的阀门,消火栓即可投入使用。按下消火栓箱内的按钮向消防控制中心报警,同时设在高位水箱出水管上的流量开关和设在消防水泵出水干管上的压力开关,或报警阀压力开关等开关信号应能直接启动消防水泵。在供水初期,由于消火栓泵的启动需要一定的时间,其供水由高位消防水箱供给。对消火栓泵的启动,还可由消防泵现场、消防控制中心控制,消火栓泵一旦启动便不得自动停泵,其停泵只能由现场手动控制。

1.3.3 系统设置场所

除不适合用水保护或灭火的场所、远离城镇且无人值守的独立建筑、散装粮食仓库、金库可不设置室内消火栓系统外,下列建筑应设置室内消火栓系统:

①建筑占地面积大于300 m²的甲、乙、丙类厂房。

②建筑占地面积大于300 m²的甲、乙、丙类仓库。

③高层公共建筑,建筑高度大于21 m的住宅建筑。

④特等和甲等剧场座位数大于800个的乙等剧场,座位数大于800个的电影院,座位数大于1 200个的礼堂,座位数大于1 200个的体育馆等建筑。

⑤建筑体积大于5 000 m²的下列单多层建筑:车站、码头、机场的候车(船、机)建筑,展览、商店、旅馆和医疗建筑,老年人照料设施,档案馆,图书馆。

⑥建筑高度大于15 m或建筑体积大于10 000 m³的办公建筑、教学建筑及其他单、多层民用建筑。

⑦建筑面积大于300 m²的汽车库和修车库。

⑧建筑面积大于300 m²且平时使用的人民防空工程。

⑨地铁工程中的地下区间、控制中心、车站及长度大于30 m的人行通道,车辆基地内建筑面积大于300 m²的建筑。

⑩通行机动车的一、二、三类城市交通隧道。

国家级文物保护单位的重点砖木或木结构的古建筑,宜设置室内消火栓系统。

人员密集的公共建筑、建筑高度大于100 m的建筑和建筑面积大于200 m²的商业服务网点内应设置消防软管卷盘或轻便消防水龙。高层住宅建筑的户内应配置轻便型消防水龙。老年人照料设施内应设置与室内供水系统直接连接的消防软管卷盘,消防软管卷盘的设置间距不应大于30 m。

1.3.4 系统类型和设置要求

1)系统类型

室内消火栓系统按建筑类型不同,可分为低层建筑室内消火栓给水系统和高层建筑室内消火栓给水系统。同时,根据低层建筑和高层建筑给水方式的不同,又可再进行细分。给水方式是指建筑物消火栓给水系统的供水方案。

(1)低层建筑室内消火栓给水系统及其给水方式

低层建筑室内消火栓给水系统是指设置在低层建筑物内的消火栓给水系统。低层建筑发生火灾时,既可利用其室内消火栓设备接上水带、水枪灭火,又可利用消防车从室外水源抽水直接灭火,使其得到有效外援。

低层建筑室内消火栓给水系统的给水方式分为以下两种类型。

①直接给水方式。直接给水方式无加压水泵和水箱,室内消防用水直接由室外消防给水管网提供,如图1.7所示,其构造简单、投资少,可充分利用外网水压,节省能源。但由于其内部无储存水量,外网一旦停水,则内部立即断水,可靠性差。当室外给水管网所供水量和水压在全天任何时候均能满足系统最不利点消火栓设备所需水量和水压时,可采用这种供水方式。

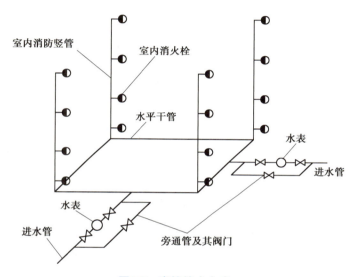

图1.7　直接给水方式

采用这种给水方式,当生产、生活、消防合用管网时,其进水管上设置的水表应考虑消防流量,当只有一条进水管时,可在水表节点处设置旁通管。

②设有消防水泵和消防水箱的给水方式。这种给水方式同时设有消防水泵和消防水箱,是最常用的给水方式,如图1.8所示。系统中的消防用水平时由屋顶水箱提供,生产、生活水泵定时向水箱补水,火灾发生时可启动消防水泵向系统供水。当室外消防给水管网的水压经常不能满足室内消火栓给水系统所需水压时,宜采用这种给水方式。当室外管网不允许消防水泵直接吸水时,应设置消防水池。

高位消防水箱的设置高度应满足室内最不利点消火栓的水压要求,水泵启动后,消防用水不应进入消防水箱。

(2)高层建筑室内消火栓给水系统及其给水方式

设置在高层建筑物内的消火栓给水系统称为高层建筑室内消火栓给水系统。高层建筑一旦发生火灾,其火势猛、蔓延快,救援及疏散困难,极易造成人员伤亡和重大经济损失。因此,高层建筑必须依靠建筑物内设置的消防设施进行自救。高层建筑的室内消火栓给水系统应采用独立的消火栓给水系统。

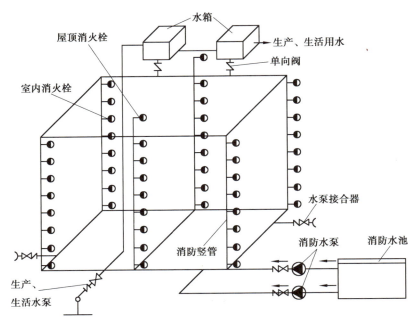

图1.8 设有消防水泵和消防水箱的给水方式

①不分区消防给水方式。整栋大楼采用一个区供水,系统简单、设备少。当高层建筑最低消火栓栓口处的静水压力不大于1 MPa,且系统工作压力不大于2.4 MPa时,可采用此种给水方式。

②分区消防给水方式。在消防给水系统中,由于配水管道的工作压力要求,系统可有不同的给水方式。系统给水方式的划分原则可根据管材、设备等确定。当高层建筑最低消火栓栓口的静水压力大于1 MPa或系统工作压力大于2.4 MPa时,应采用分区给水系统。分区供水形式应根据系统压力、建筑特征,综合技术、经济和安全可靠性等因素确定,可采用消防水泵并行或串联、减压水箱和减压阀减压的形式,但当系统的工作压力大于2.4 MPa时,应采用消防水泵串联或减压水箱分区供水形式。

A.采用消防水泵串联分区供水时,宜采用消防水泵转输水箱串联供水方式并符合下列规定:

a.当采用消防水泵转输水箱串联时,转输水箱的有效储水容积不应小于60 m³,转输水箱可作为高位消防水箱;

b.串联转输水箱的溢流管宜连接到消防水池;

c.当采用消防水泵直接串联时,应采取确保供水可靠性的措施,且消防水泵从低区到高区应能依次顺序启动;

d.当采用消防水泵直接串联时,应校核系统供水压力,并应在串联消防水泵出水管上设置减压型倒流防止器。

B.采用减压阀减压分区供水时应符合下列规定:

a.消防给水所采用的减压阀性能应安全可靠,并应满足消防给水的要求;

b.减压阀应根据消防给水设计流量和压力选择,且设计流量应在减压阀流量压力特性曲

线的有效段内,并校核在150%设计流量时,减压阀的出口动压不应小于设计值的65%;

c.每一供水分区应设置不少于两组减压阀组,每组减压阀组宜设置备用减压阀;

d.减压阀仅应设置在单向流动的供水管上,不应设置在双向流动的输水干管上;

e.减压阀宜采用比例式减压阀,当超过1.2 MPa时,宜采用先导式减压阀;

f.减压阀的阀前阀后压力比值不宜大于3∶1,当一级减压阀减压不能满足要求时,可采用减压阀串联减压,但串联减压不应大于两级,第二级减压阀宜采用先导式减压阀,阀前阀后压力差不宜超过0.4 MPa;

g.减压阀后应设置安全阀,安全阀的开启压力应能满足系统安全,且不应影响系统的供水安全性。

C.采用减压水箱减压分区供水时应符合下列规定:

a.减压水箱应符合《消防给水及消火栓系统技术规范》(GB 50974—2014)第4.3.8条、第4.3.9条、第5.2.5条和第5.2.6条第2款的有关规定;

b.减压水箱应符合第4.3.10条和第5.2.6条的有关规定;

c.减压水箱的有效容积不应小于18 m³,且宜分为两格;

d.减压水箱应有两条进出水管,且每条进出水管均应满足消防给水系统所需消防用水量的要求;

e.减压水箱进水管的水位控制应可靠,宜采用水位控制阀;

f.减压水箱进水管应采取防冲击和溢水的技术措施,并宜在进水管上设置紧急关闭阀门,溢流水宜回流到消防水池。

2)设置要求

(1)室内消火栓的设置

室内消火栓的选型应根据使用者、火灾危险性、火灾类型和不同灭火功能等因素综合确定。其设置应符合下列要求:

①应采用DN65的室内消火栓,并可与消防软管卷盘或轻便水龙设置在同一箱体内。配置公称直径65 mm有内衬里的消防水带,长度不宜超过25 m;宜配置喷嘴当量直径16 mm或19 mm的消防水枪,但当消火栓设计流量为2.5 L/s时,宜配置喷嘴当量直径11 mm或13 mm的消防水枪。

②设置室内消火栓的建筑,包括设备层在内的各层均应设置消火栓。

③屋顶设有直升机停机坪的建筑,应在停机坪出入口处或非电气设备机房处设置消火栓,且距停机坪机位边缘的距离不应小于5 m。

④消防电梯前室应设置室内消火栓,并应计入消火栓使用数量。

⑤室内消火栓的布置应满足同一平面有2支消防水枪的2股充实水柱同时达到任何部位的要求,但建筑高度小于或等于24 m且体积小于或等于5 000 m³的多层仓库和建筑高度小于或等于54 m且每单元设置一部疏散楼梯的住宅,以及《消防给水及消火栓系统技术规范》(GB 50974—2014)第3.5.2条中规定可采用一支消防水枪计算消防量的场所,可采用一支消防水枪的一股充实水柱到达室内任何部位。

⑥建筑室内消火栓的设置位置应满足火灾扑救要求,并应符合下列规定:

a.室内消火栓应设置在楼梯间及其休息平台和前室、走道等明显易于取用,以及便于火灾扑救的位置;

b.住宅的室内消火栓宜设置在楼梯间及其休息平台;

c.车库内消火栓的设置不应影响汽车的通行和车位的设置,应确保消火栓的开启;

d.同一楼梯间及其附近不同楼层设置的消火栓,其平面位置宜相同;

e.冷库的室内消火栓应设置在常温穿堂或楼梯间内。

⑦建筑室内消火栓栓口的安装高度应便于消防水龙带的连接和使用,其距地面高度宜为1.1 m;其出水方向应便于消防水带的敷设,并宜与设置消火栓的墙面成90°或向下。

⑧设有室内消火栓的建筑应设置带有压力表的试验消火栓,其设置位置对于多层和高层建筑应设在其屋顶,严寒、寒冷等冬季结冰地区可设置在顶层出口处或水箱间内等便于操作和防冻的位置;对于单层建筑宜设置在水力最不利处,且应靠近出入口。

⑨室内消火栓宜按直线距离计算其布置间距,对于消火栓按2支消防水枪的2股充实水柱布置的建筑物,消火栓的布置间距不应大于30 m;对于消火栓按1支消防水枪的1股充实水柱布置的建筑物,消火栓的布置间距不应大于50 m。

⑩建筑高度不大于27 m的住宅,当设置消火栓系统时,可采用干式消防竖管。干式消防竖管宜设置在楼梯间休息平台,且应配置消火栓栓口,干式消防竖管应设置消防车供水接口,消防车供水接口应设置在首层便于消防车接近和安全的地点,竖管顶端应设置自动排气阀。

⑪住宅户内宜在生活给水管道上预留一个接DN15消防软管或轻便水龙的接口。跃层住宅和商业网点的室内消火栓应至少满足一股充实水柱到达室内任何部位,并宜设置在入户门附近。

(2)室内消火栓栓口压力和消防水枪充实水柱

充实水柱是指由水枪喷嘴起至射流90%的水柱水量穿过直径为380 mm圆孔外的一段射流长度。

①消火栓栓口动压力不应大于0.5 MPa,当大于0.7 MPa时,必须设置减压装置。

②高层建筑、厂房、库房和室内净空高度超过8 m的民用建筑等场所,消火栓栓口动压不应小于0.35 MPa,且消防水枪充实水柱应达到13 m;其他场所的消火栓栓口动压不应小于0.25 MPa,且消防水枪充实水柱应达到10 m。

(3)消防软管卷盘和轻便水龙的设置要求

消防软管卷盘由小口径消火栓、输水缠绕软管、小口径水枪等组成。与室内消火栓相比,消防软管卷盘具有操作简便、机动灵活等优点。

①消防软管卷盘应配置内径不小于φ19的消防软管,其长度宜为30 m,轻便水龙应配置公称直径25 mm有内衬里的消防水带,长度宜为30 m。消防软管卷盘和轻便水龙应配置当量喷嘴直径6 mm的消防水枪。

②消防软管卷盘和轻便水龙的用水量可不计入消防用水总量。

③剧院、会堂阁顶内的消防软管卷盘应设在马道入口处,以方便工作人员使用。

【技能提升】

消火栓系统的检查和功能测试

一、实训任务

本任务是对消火栓系统的工作状态、故障状态进行检查,并对相关功能进行测试。通过完成该任务,掌握消火栓系统的检查和功能测试方法。

二、实训目的

1. 能够正确检查消火栓系统的组件;
2. 能够正确测量室内消火栓栓口的静压和动压;
3. 能够通过模拟联动触发信号的方式,正确测试室内消火栓系统的联动功能;
4. 能够正确进行室内消火栓系统的复位操作。

三、实施条件

要实施该项目,应准备一套完好无损并符合相关国家标准规定要求的具备联动功能的火灾自动报警系统、消火栓系统和相关工具。

四、操作指导

1. 检查消火栓系统组件的数量、规格、型号和安装位置是否与设计文件一致。
2. 将消防泵组电气控制柜设置为自动运行模式,并将消防联动控制器设置为"自动允许"状态。
3. 室内消火栓栓口静水压

①将试水接头与消火栓栓口连接;关闭试水接头出口处阀门;缓慢打开消火栓阀门,读取静水压;

②关闭消火栓阀门,打开试水接头出口处阀门。

4. 最不利点室内消火栓压力

①将消防水带与消火栓栓口和试水接头连接,开启消火栓,小幅度开启试水接头,有水流出时关闭,读取压力表读数;

②将消防水带与消火栓栓口和试水接头连接,开启消火栓,缓慢开启试水接头至全开,当消防水泵启动且正常运转后,读取压力表读数。

5. 室内消火栓系统联动功能测试

①将消防泵组电气控制柜设置为自动运行模式,按下消火栓按钮,检查火灾自动报警系统报警信号和显示信息;

②触发所在报警区域内任一触发装置,检查火灾自动报警系统报警信号和显示信息,以

及消防水泵启动情况和信号反馈;

③对触发装置、火灾自动报警系统进行复位操作,消防泵组电气控制柜恢复为自动运行模式。

五、实训记录表

消火栓系统的检查和功能测试记录表

序号	检查项目名称	检查内容记录	检查结果评定
1	消火栓系统组件检查		
2	室内消火栓栓口静压和动压测量		
3	室内消火栓系统联动功能测试		
4	室内消火栓系统复位操作		
	结论		

【自我测评】

一、单选题

1.室内消火栓系统管网应布置成环状,当室外消火栓设计流量不大于20 L/s,且室内消火栓不超过(   )时,室内消防给水管道可布置成枝状。

A.5个　　　　　　B.7个　　　　　　C.8个　　　　　　D.10个

2.室内消防管道的管径应根据系统设计流量、流速和压力要求经计算确定,室内消火栓竖管管径应根据竖管最低流量经计算确定,但不应小于(   )。

A.DN50　　　　　　B.DN65　　　　　　C.DN80　　　　　　D.DN100

3.室内消火栓竖管应保证检修管道时关闭停用的竖管不超过(   )根。当竖管超过4根时,可关闭不相邻的2根。

A.1　　　　　　B.2　　　　　　C.3　　　　　　D.4

4.建筑高度为48 m的16层住宅建筑,一梯3户,每户建筑面积为120 m²,每个单元设置一座防烟楼梯间,一部消防电梯和一部客梯。该建筑每个单元需设置的室内消火栓总数不应少于(   )。

A.8个　　　　　　B.16个　　　　　　C.32个　　　　　　D.48个

5.建筑室内消火栓栓口的安装高度应便于消防水龙带的连接和使用,其距离地面的高度宜为(   )。

A.1.5 m　　　　　　B.1.3 m　　　　　　C.1.1 m　　　　　　D.0.9 m

二、多选题

1.某工业园区拟新建的下列5座建筑中,可不设置室内消火栓系统的是(   )。

A.耐火等级为二级,占地面积为600 m²,建筑体积为3 100 m³的丁类仓库

B.耐火等级为四级,占地面积为800 m²,建筑体积为5 100 m³的戊类厂房

C.耐火等级为四级,占地面积为800 m²,建筑体积为5 100 m³的戊类仓库

D.耐火等级为三级,占地面积为600 m²,建筑体积为2 900 m³的丁类仓库

E.耐火等级为三级,占地面积为600 m²,建筑体积为2 900 m³的丁类厂房

2.某建筑高度为23.8 m的4层商业建筑,对其进行室内消火栓的配置和设计中,正确的有(   )。

A.选用DN65的室内消火栓

B.消火栓栓口动压大于0.5 MPa

C.消火栓栓口动压不小于0.25 MPa

D.配置直径65 mm,长30 m的消防水带

E.水枪充实水柱不小于10 m

三、简答题

1.简述室内消火栓系统的工作原理。

2.简述室内消火栓栓口压力和消防水枪充实水柱的相关要求。

模块 2
自动喷水灭火系统

项目2.1 自动喷水灭火系统型式选择

【学习目标】

1. 了解自动喷水灭火系统的分类；
2. 熟悉自动喷水灭火系统的组成；
3. 掌握自动喷水灭火系统的工作原理及适用范围；
4. 了解自动喷水灭火系统的类型，并判断其工作状态；
5. 能够进行自动喷水灭火系统电气控制柜的操作。

【案例引入】

北京某商场火灾

2013年10月11日凌晨2点49分33秒，北京某商场的餐厅送餐用电动自行车充电时起火，首先发现险情的餐厅值班店长和另一名员工既未处置火情也未第一时间提醒顾客疏散，而是从餐厅里惊慌逃跑，自行离去。随即烟雾越来越大，留在餐厅里的顾客惊觉后才开始陆续逃离餐厅。不到2分钟，整个餐厅已经完全被浓烟笼罩。

商场消防控制室的监控录像显示，凌晨2点52分54秒，中控室里的火灾自动报警系统开始报警，画面上值班人员起身按了一下报警器，又回到了座位上。按规定，接到报警的值班人员应马上通知报警区域的值班保安，由其携带灭火设备到现场查看火情，并反馈情况，但该值班人员并未下任何通知。据他事后向警方交代，他对第一个火警做的是消音，即摁断报警音。

2分钟后,第二个报警器开始报警,值班保安又摁断报警音,坐下继续打游戏。视频显示,尽管消了音,但他身后的报警器一直在闪烁。凌晨3点01分,商场消防控制室内突然有大面积的报警灯闪烁,显示火势已经大范围蔓延,值班人员这时才停下手中的游戏。监控录像显示,从发现大面积火警开始后的4分钟内,值班人员始终在翻看研究说明书,后来又跑进来两名值班人员,但他们同样手足无措。

由于起火初期现场没有采取任何灭火措施,大火很快从餐厅烧到商场外,并沿着整个外立面的广告牌迅速蔓延到整座大楼。商场外的监控录像显示,凌晨3点13分,当第一批消防车赶到时,整座楼已经形成从内到外、自下而上的立体燃烧。最终,火灾过火面积共计3 800余m²,直接财产损失1 308.42万元,灭火过程中还造成2名消防人员牺牲。

2016年12月,法院判决涉案的2名餐厅负责人和3名该商场相关负责人犯重大责任事故罪,分别判处5人有期徒刑2～3年6个月不等。

启示:生产经营单位应定期组织消防演练和消防技能训练,并对消防系统定期进行维护和测试,发现问题和不足,要及时进行整改和落实,以提高操作人员初期火灾的处置能力和安全意识。

【知识精析】

自动喷水灭火系统是由洒水喷头、报警阀组、水流报警装置(水流指示器或压力开关)等组件,以及管道、供水设施等组成的,能在发生火灾时喷水的自动灭火系统。自动喷水灭火系统在保护人身和财产安全方面具有安全可靠、经济实用、灭火成功率高等优点,被广泛应用于工业建筑和民用建筑。

2.1.1　系统分类和组成

自动喷水灭火系统根据所使用喷头的形式,可分为闭式自动喷水灭火系统和开式自动喷水灭火系统两大类;根据系统的用途和配置状况,分为湿式系统、干式系统、预作用系统、防护冷却系统、雨淋系统、水幕系统(防火分隔水幕和防护冷却水幕)以及自动喷水-泡沫联用系统等。自动喷水灭火系统的分类如图2.1所示。

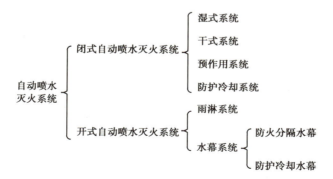

图2.1　自动喷水灭火系统的分类

1)湿式自动喷水灭火系统

湿式自动喷水灭火系统(以下简称湿式系统)由闭式喷头、湿式报警阀组、水流指示器或压力开关、供水与配水管道以及供水设施等组成,在准工作状态下,管道内充满了用于启动系统的有压水。湿式系统的组成如图2.2所示。

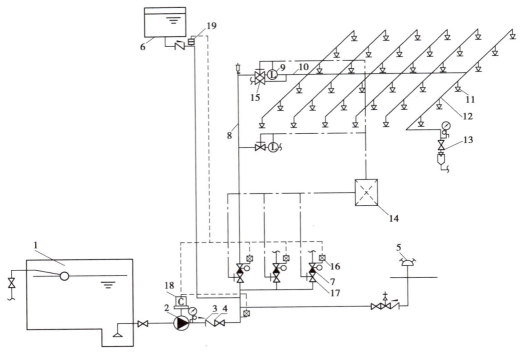

图2.2　湿式系统示意图

1—消防水池;2—消防水泵;3—止回阀;4—闸阀;5—消防水泵接合器;6—高位消防水箱;7—湿式报警阀组;
8—配水干管;9—水流指示器;10—配水管;11—闭式洒水喷头;12—配水支管;13—末端试水装置;
14—报警控制器;15—泄水阀;16—压力开关;17—信号阀;18—水泵控制柜;19—流量开关

2)干式自动喷水灭火系统

干式自动喷水灭火系统(以下简称干式系统)由闭式喷头、干式报警阀组、水流指示器或压力开关、供水与配水管道、充气设备以及供水设施等组成,在准工作状态下,配水管道内充满了用于启动系统的有压气体。干式系统的启动原理与湿式系统相似,只是传输喷头开放信号的介质由有压水改为有压气体。干式系统的组成如图2.3所示。

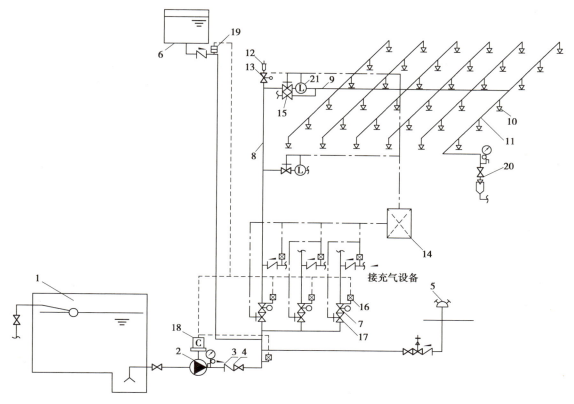

图2.3 干式系统示意图

1—消防水池;2—消防水泵;3—止回阀;4—闸阀;5—消防水泵接合器;6—高位消防水箱;7—干式报警阀组;

8—配水干管;9—配水管;10—闭式洒水喷头;11—配水支管;

12—排气阀;13—电动阀;14—报警控制器;15—泄水阀;16—压力开关;

17—信号阀;18—水泵控制柜;19—流量开关;20—末端试水装置;21—水流指示器

3)预作用自动喷水灭火系统

预作用自动喷水灭火系统(以下简称"预作用系统")由闭式喷头、预作用装置、水流报警装置、供水与配水管道、充气设备和供水设施等组成。在准工作状态下,配水管道内不充水,发生火灾时,由火灾报警系统、充气管道上的压力开关连锁控制预作用装置和启动消防水泵,转换为湿式系统。预作用系统与湿式系统、干式系统的不同之处在于该系统采用预作用装置,并配套设置火灾自动报警系统。预作用系统的组成如图2.4所示。

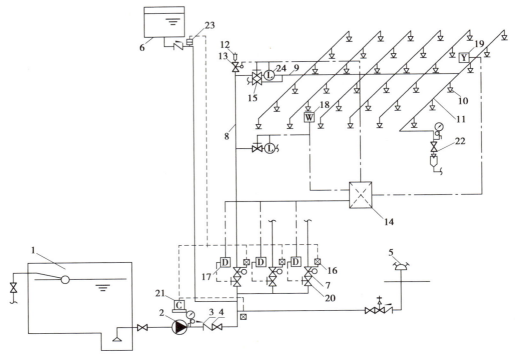

图 2.4　预作用系统示意图

1—消防水池;2—消防水泵;3—止回阀;4—闸阀;5—消防水泵接合器;6—高位消防水箱;
7—预作用装置;8—配水干管;9—配水管;10—闭式洒水喷头;11—配水支管;12—排气阀;
13—电动阀;14—报警控制器;15—泄水阀;16—压力开关;17—电磁阀;18—感温探测器;
19—感烟探测器;20—信号阀;21—水泵控制柜;22—末端试水装置;23—流量开关;24—水流指示器

4)雨淋系统

雨淋系统由开式喷头、雨淋报警阀组、水流报警装置、供水与配水管道以及供水设施等组成。它与前几种系统的不同之处在于,雨淋系统采用开式喷头,由雨淋阀控制喷水范围,并由配套的火自动报警系统或传动管控制,自动启动雨淋报警阀组和消防水泵。雨淋系统有电动、液动和气动控制方式,常用的电动和充液(水)传动管启动雨淋系统分别如图2.5和图2.6所示。

5)水幕系统

水幕系统由开式洒水喷头或水幕喷头、雨淋报警阀组或感温雨淋阀、供水与配水管道、控制阀以及水流报警装置(水流指示器或压力开关)等组成。与前几种系统的不同之处在于,水幕系统不具备直接灭火的能力,而是用于挡烟阻火和冷却保护分隔物。

6)防护冷却系统

防护冷却系统是由闭式洒水喷头、湿式报警阀组等组成的,发生火灾时用于冷却防火卷帘、防火玻璃墙等防火分隔设施的闭式系统。

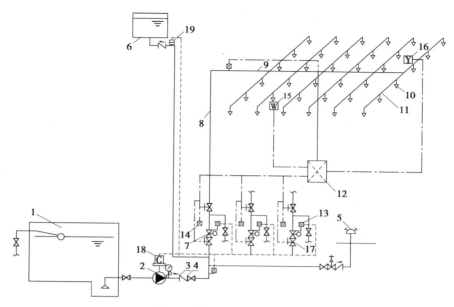

图2.5　电动雨淋系统示意图

1—消防水池;2—消防水泵;3—止回阀;4—闸阀;5—消防水泵接合器;6—高位消防水箱;
7—雨淋报警阀组;8—配水干管;9—配水管;10—开式洒水喷头;11—配水支管;12—报警控制器;
13—压力开关;14—电磁阀;15—感温探测器;16—感烟探测器;17—信号阀;18—水泵控制柜;19—流量开关

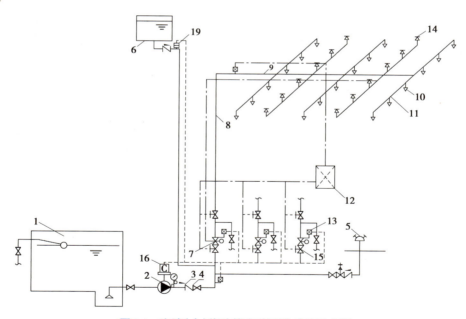

图2.6　充液(水)传动管启动雨淋系统示意图

1—消防水池;2—消防水泵;3—止回阀;4—闸阀;5—消防水泵接合器;6—高位消防水箱;
7—雨淋报警阀组;8—配水干管;9—配水管;10—开式洒水喷头;11—配水支管;12—报警控制器;
13—压力开关;14—闭式洒水喷头;15—信号阀;16—水泵控制柜;17—流量开关

2.1.2 系统的工作原理和组成

不同类型的自动喷水灭火系统,其工作原理、控火效果等均有差异。因此,应根据设置场所的火灾特点、环境条件来确定自动喷水灭火系统。

1)湿式自动喷水灭火系统

（1）工作原理

湿式系统在准工作状态时,由消防水箱或稳压泵、气压给水设备等稳压设施维持管道内充水的压力。发生火灾时,在火灾温度的作用下,闭式喷头的热敏元件动作,喷头开启并开始喷水。此时,管网中的水由静止变为流动,水流指示器动作并送出电信号,在报警控制器上显示某一区域喷水的信息。由于持续喷水泄压造成湿式报警阀的上部水压低于下部水压,在压力差的作用下,原来处于关闭状态的湿式报警阀将自动开启。此时,压力水通过湿式报警阀流向管网,同时打开通向水力警铃的通道,延迟器充满水后,水力警铃发出声响警报,压力开关动作并输出启动供水泵的信号。供水泵投入运行后,完成系统的启动过程。湿式系统的工作原理如图2.7所示。

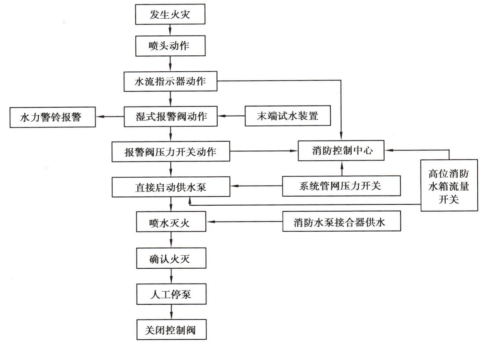

图2.7 湿式系统的工作原理

（2）适用范围

设置早期抑制快速响应喷头的仓库及类似场所、环境温度高于或等于4 ℃且低于或等于70 ℃的场所,应采用湿式系统。在温度低于4 ℃的场所采用湿式系统,存在系统管道和组件内充水冰冻的危险;在温度高于70 ℃的场所采用湿式系统,存在系统管道和组件内充水蒸气压力升高而破坏管道的危险。

2)干式自动喷水灭火系统

（1）工作原理

干式系统在准工作状态时,由消防水箱或稳压泵、气压给水设备等稳压设施维持干式报警阀入口前管道内的充水压力,报警阀出口后的管道内充满有压气体(通常采用压缩空气),报警阀处于关闭状态。发生火灾时,在火灾温度的作用下,闭式喷头的热敏元件动作,闭式喷头开启,使干式阀的出口压力下降,加速器动作后促使干式报警阀迅速开启,管道开始排气充水,剩余压缩空气从系统最高处的排气阀和开启的喷头处喷出。此时,通向水力警铃和压力开关的通道被打开,水力警铃发出声响警报,压力开关动作并输出启泵信号,启动系统供水泵;管道完成排气充水过程后,开启的喷头开始喷水。从闭式喷头开启至供水泵投入运行前,由消防水箱、气压给水设备或稳压泵等供水设施为系统的配水管道充水。干式系统的工作原理如图2.8所示。

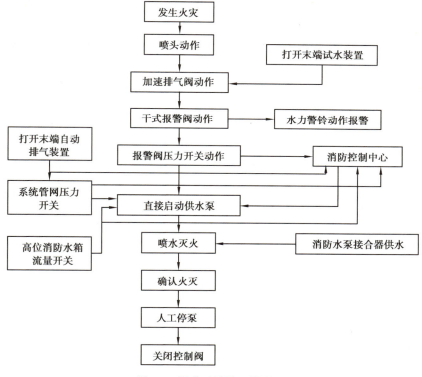

图2.8　干式系统的工作原理

（2）适用范围

干式系统适用于环境温度低于4 ℃或高于70 ℃的场所。干式系统虽然解决了湿式系统不适用于高、低温环境场所的问题,但由于准工作状态时配水管道内没有水,喷头动作、系统启动时就必须经过一个管道排气、充水的过程,因此会出现滞后喷水现象,不利于系统及时控火灭火。

3)预作用自动喷水灭火系统

（1）工作原理

系统处于准工作状态时，由消防水箱或稳压泵、气压给水设备等稳压设施维持雨淋阀入口前管道内的充水压力，雨淋阀后的管道内平时无水或充以有压气体。发生火灾时，由火灾自动报警系统自动开启雨淋报警阀，配水管道开始排气充水，使系统在闭式喷头动作前转换成湿式系统，并在闭式喷头开启后立即喷水。预作用系统的工作原理如图2.9所示。

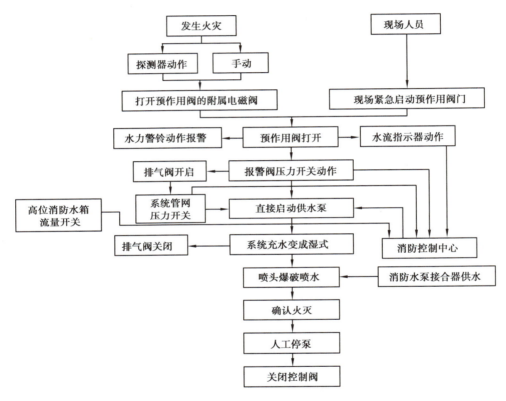

图2.9　预作用系统的工作原理

（2）适用范围

预作用系统可消除干式系统在喷头开放后延迟喷水的弊病，可用于替代干式系统的场所，或系统处于准工作状态时严禁误喷或严禁管道充水的场所。

4)雨淋系统

（1）工作原理

系统处于准工作状态时，由消防水箱或稳压泵、气压给水设备等稳压设施维持雨淋阀入口前管道内的充水压力。发生火灾时，由火灾自动报警系统或传动管自动控制开启雨淋报警阀和供水泵,向系统管网供水,由雨淋阀控制的开式喷头同时喷水。雨淋系统的工作原理如图2.10所示。

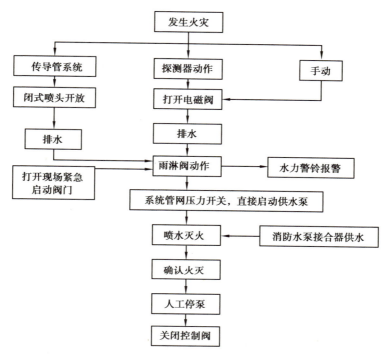

图2.10　雨淋系统的工作原理

（2）适用范围

雨淋系统的喷水范围由雨淋阀控制,在系统启动后立即大面积喷水。因此,雨淋系统主要适用于需大面积喷水,且需要快速扑灭火灾的特别危险场所。火灾的水平蔓延速度快,闭式喷头的开放不能及时使喷水有效覆盖着火区域,或室内净空高度超过一定高度且必须迅速扑救初期火灾,又或属于严重危险级Ⅱ级的场所,应采用雨淋系统。

5）水幕系统

（1）工作原理

系统处于准工作状态时,由消防水箱或稳压泵、气压给水设备等稳压设施维持管道内的充水压力。发生火灾时,由火灾自动报警系统联动开启雨淋报警阀组和供水泵,向系统管网和喷头供水。

（2）适用范围

防火分隔水幕系统利用密集喷洒形成的水墙或多层水帘,可封堵防火分区处的孔洞,阻挡火灾和烟气的蔓延,因此适用于局部防火分隔处。防护冷却水幕系统则利用喷水在物体表面形成的水膜,控制防火分区处分隔物的温度,使分隔物的完整性和隔热性免遭火灾破坏。

【技能提升】

自动喷水灭火系统电气控制柜操作

一、实训任务

本任务是对消防泵组电气控制柜进行状态判断和操作。通过完成该任务,掌握自动喷水灭火系统电气控制柜的操作方法。

二、实训目的

1.能够正确判断和切换电气控制柜的控制方式;
2.能够正确切换电气控制柜的主泵/备泵工作状态;
3.能够正确切换电气控制柜的主电/备电工作状态;
4.能够正确操作末端试水装置启动喷淋泵,并测试主泵/备泵自动切换功能;
5.能够正确操作电气控制柜的启动和停止喷淋泵。

三、实施条件

要实施该项目,应准备一套完好无损、符合相关国家标准规定要求的自动喷水灭火系统及其电气控制柜。

四、操作指导

1.识别自动喷水灭火系统消防泵组电气控制柜所处的状态;切换消防泵组电气控制柜的"手动-自动"转换开关。

2.切换消防泵组电气控制柜的"主泵-备泵"转换开关;切换消防泵组电气控制柜的"主电-备电"开关。

3.将双电源转换开关设置为自动运行模式;切断主电源,查看备用电源投入运行情况。

4.切换消防泵组电气控制柜至"自动"运行模式;打开末端试水装置,使报警阀组压力开关动作,主泵启动并运转平稳。

5.模拟主泵故障(切断电源或触发主泵热继电器),目测备泵自动切换。

6.在消防泵组电气控制柜上手动启动和停止喷淋泵;使自动喷水灭火系统消防泵组电气控制柜恢复自动启泵状态。

五、实训记录表

自动喷水灭火系统电气控制柜操作记录表

序号	检查项目名称	检查内容记录	检查结果评定
1	电气控制柜控制方式切换		
2	电气控制柜主泵/备泵工作切换		
3	电气控制柜主电/备电工作切换		
4	主泵/备泵自动切换功能测试		
5	操作电气控制柜启动和停止喷淋泵		
结论			

【自我测评】

一、单选题

1.下列自动喷水灭火系统组件,不属于干式系统的是(　　　)。
　A.延迟器　　　　B.水流指示器　　　C.自动排气阀　　　　D.末端试水装置
2.发生火灾时,湿式自动喷水灭火系统的湿式报警阀由(　　　)开启。
　A.火灾探测器　　B.水流指示器　　　C.闭式喷头　　　　　D.压力开关
3.下列关于干式自动喷水灭火系统的说法中,错误的是(　　　)。
　A.在准工作状态下,由稳压系统维持干式报警阀入口前管道内的充水压力
　B.在准工作状态下,干式报警阀出口后的配水管道内应充满有压气体
　C.当发生火灾后,干式报警阀开启,压力开关动作后管网开始排气充水
　D.当发生火灾后,配水管道排气充水后,开启的喷头开始喷水
4.某油漆喷涂车间,拟采用自动喷水灭火系统,该灭火系统应采用(　　　)。
　A.预作用系统　　B.湿式系统　　　　C.干式系统　　　　　D.雨淋系统
5.系统处于准工作状态时,严禁管道漏水,严禁系统误喷的忌水场所应采用(　　　)。
　A.预作用系统　　B.湿式系统　　　　C.干式系统　　　　　D.雨淋系统

二、简答题

1.简述湿式自动喷水灭火系统的工作原理。
2.简述干式自动喷水灭火系统的工作原理。
3.简述与湿式系统相比,干式系统的优缺点。

项目2.2　自动喷水灭火系统设计

【学习目标】

1.熟悉火灾危险等级分类；
2.掌握自动喷水灭火系统设计的基本参数；
3.能够对湿式、干式自动喷水灭火系统进行保养。

【案例引入】

某公司建设、管理的某某停车场消防设施、器材、消防安全标志配置、设置不符合标准案件

基本案情：2025年2月27日，宜阳新区救援大队接到举报投诉后，对该单位进行核查，发现某停车场存在以下消防隐患：

(1)AB区丙类仓库建筑面积超过3 000 m²未设置自动喷水灭火系统；

(2)AB区丙类仓库建筑室内消火栓系统设置不符合要求；

(3)AB区丙类仓库的应急照明灯和疏散指示标志数量不足。

法律依据及处罚：该单位违反了《中华人民共和国消防法》第十六条第一款第二项之规定，根据《中华人民共和国消防法》第六十条第一款第一项之规定，对宜春某公司罚款23 000元整的行政处罚(2025年6月份处罚)。

启示：建筑消防设施的合规设计是防火安全的源头保障，在建筑规划、设计阶段就必须严格落实，任何"缺斤少两"或"降低标准"都是对安全的漠视，必将承担法律责任并埋下灾难性后果的种子。

【知识精析】

自动喷水灭火系统的设计应以现行国家标准《自动喷水灭火系统设计规范》(GB 50084—2017)为依据，根据设置场所和保护对象特点，确定火灾危险等级、防护目的和设计基本参数。

2.2.1　火灾危险等级

自动喷水灭火系统设置场所的火灾危险等级共分为4类8级，即轻危险级、中危险级(Ⅰ、Ⅱ级)、严重危险级(Ⅰ、Ⅱ级)和仓库危险级(Ⅰ、Ⅱ、Ⅲ级)。

1)轻危险级

一般是指可燃物品较少、火灾放热速率较低、外部增援和人员疏散较容易的场所。

2)中危险级

一般是指内部可燃物数量、火灾放热速率中等,火灾初期不会引起剧烈燃烧的场所。大部分民用建筑和工业厂房划归为中危险级。根据此类场所种类多、范围广的特点,再细分为中Ⅰ级和中Ⅱ级。

3)严重危险级

一般是指火灾危险性大,且可燃物品数量多,火灾发生时容易引起猛烈燃烧并可能迅速蔓延的场所。

4)仓库危险级

根据仓库储存物品及其包装材料的火灾危险性,将仓库火灾危险等级划分为Ⅰ、Ⅱ、Ⅲ级。仓库火灾危险Ⅰ级,一般是指储存食品、烟酒以及用木箱、纸箱包装的不燃或难燃物品的场所;仓库火灾危险Ⅱ级,一般是指储存木材、纸、皮革等物品和用各种塑料瓶、盒包装的不燃物品及各类物品混杂储存的场所;仓库火灾危险Ⅲ级,一般是指储存A组塑料与橡胶及其制品等物品的场所。自动喷水灭火系统设置场所火灾危险等级举例见表2.1。

表2.1　自动喷水灭火系统设置场所火灾危险等级举例

火灾危险等级		设置场所举例
轻危险级		住宅建筑、幼儿园、老年人建筑、建筑高度为24 m及以下的旅馆、办公楼;仅在走道设置闭式系统的建筑等
中危险级	Ⅰ级	①高层民用建筑:旅馆、办公楼、综合楼、邮政楼、金融电信楼、指挥调度楼、广播电视楼(塔)等; ②公共建筑(含单、多高层):医院、疗养院,图书馆(书库除外)、档案馆、展览馆(厅),影剧院、音乐厅和礼堂(舞台除外)及其他娱乐场所,火车站和飞机场及码头的建筑,总建筑面积小于5 000 m²的商场、总建筑面积小于1 000 m²的地下商场等; ③文化遗产建筑:木结构古建筑、国家文物保护单位等; ④工业建筑:食品、家用电器、玻璃制品等工厂的备料与生产车间等,冷藏库、钢屋架等建筑构件
	Ⅱ级	①民用建筑:书库、舞台(栅顶除外)、汽车停车场(库),总建筑面积5 000 m²及以上的商场、总建筑面积1 000 m²及以上的地下商场,净空高度不超过8 m、物品高度不超过3.5 m的超级市场等; ②工业建筑:棉毛麻丝及化纤的纺织、织物及制品,木材木器及胶合板、谷物加工、烟草及制品、饮用酒(啤酒除外)、皮革及制品,造纸及纸制品、制药等工厂的备料与生产车间等
严重危险级	Ⅰ级	印刷厂、酒精制品、可燃液体制品等工厂的备料与车间、净空高度不超过8 m、物品高度超过3.5 m的超级市场等

续表

火灾危险等级		设置场所举例
	Ⅱ级	易燃液体喷雾操作区域、固体易燃物品、可燃的气溶胶制品、溶剂清洗、喷涂油漆、沥青制品等工厂的备料及生产车间、摄影棚、舞台栅顶下部等
仓库危险级	Ⅰ级	食品、烟酒,木箱、纸箱包装的不燃、难燃物品等
	Ⅱ级	木材、纸、皮革、谷物及制品,棉毛麻丝化纤及制品,家用电器、电缆、B组塑料与橡胶及其制品,钢塑混合材料制品,各种塑料瓶盒包装的不燃、难燃物品及各类物品混杂储存的仓库等
	Ⅲ级	A组塑料与橡胶及其制品、沥青制品等

2.2.2 系统设计基本参数

自动喷水灭火系统的设计参数应根据建筑物的不同用途、规模及其火灾危险等级等因素确定。

1)民用建筑和工业厂房的系统设计基本参数

对于民用建筑和工业厂房,采用湿式系统时设计基本参数应符合表2.3的要求。仅在走道设置单排闭式喷头的闭式系统,其作用面积应按最大疏散距离所对应的走道面积确定;在装有网格、栅板类通透性的场所,系统的喷水强度应按表2.3规定值的1.3倍确定;干式系统的作用面积按表2.2规定值的1.3倍确定。系统最不利点处喷头的工作压力不应低于0.05 MPa。除特殊规定外,系统的持续喷水时间应按火灾延续时间不小于1.0 h确定。

表2.2 民用建筑和工业厂房的系统设计基本参数

火灾危险等级		净空高度/m	喷水强度/[L·(min·m²)⁻¹]	作用面积/m²
轻危险级			4	160
中危险级	Ⅰ级	≤8	6	160
	Ⅱ级		8	
严重危险级	Ⅰ级		12	260
	Ⅱ级		16	

2)民用建筑和厂房高大空间场所采用湿式系统的设计基本参数

对于民用建筑和厂房高大空间场所,采用湿式系统时设计基本参数应符合表2.3的要求。

表2.3 民用建筑和厂房高大空间场所采用湿式系统的设计基本参数

适用场所		最大净空高度 h/m	喷水强度 /[L·(min·m²)⁻¹]	作用面积 /m²	喷头间距 S/m
民用建筑	中庭、体育馆、航站楼等	8<h≤12	12	160	1.8≤S≤3.0
		12<h≤18	15		

续表

适用场所		最大净空高度 h/m	喷水强度 /[L·(min·m²)⁻¹]	作用面积 /m²	喷头间距 S/m
民用建筑	影剧院、音乐厅、会展中心等	8<h≤12	15	160	1.8≤S≤3.0
		12<h≤18	20		
厂房	制衣制鞋、玩具木器、电子生产车间等	8<h≤12	15		
	棉纺厂、麻纺厂、泡沫塑料生产车间等		20		

3)局部应用系统设计基本参数

室内最大净空高度不超过8 m,且保护区域总建筑面积不超过1 000 m²的轻危险级或中危险Ⅰ级的民用建筑可采用局部应用湿式自动喷水灭火系统,但系统应采用快速响应喷头,持续喷水时间不应低于0.5 h。喷头的选型、布置和作用面积(按开放喷头数确定)应符合下列要求。

(1)采用标准覆盖面积快速响应喷头的系统

喷头的布置应符合轻危险级或中危险级Ⅰ级场所的有关规定,作用面积应符合表2.4的规定。

表2.4　局部应用系统采用标准覆盖面积快速响应喷头时的作用面积

保护区域总建筑面积和最大厅室建筑面积/m²	开放喷头数/只
保护区域总建筑面积超过300 或最大厅室建筑面积超过200	10
保护区域总建筑面积不超过300	最大厅室喷头数+2 少于5时,取5; 多于8时,取8

(2)采用扩大覆盖面积洒水喷头的系统

喷头应采用正方形布置,间距不应小于2.4 m,作用面积应按开放喷头数不少于6只确定。

4)水幕系统设计基本参数

水幕系统的设计基本参数应符合表2.5的要求。防护冷却水幕的喷水点高度每增加1 m,喷水强度应增加0.1 L/(s·m),但超过9 m时喷水强度仍采用1.0 L/(s·m)。

表2.5　水幕系统的设计基本参数

水幕类别	喷水点高度/m	喷水强度 /[L·(min·m²)⁻¹]	喷头工作压力/ MPa
防火分隔水幕	≤12	2.0	0.1
防护冷却水幕	≤4	0.5	

5)防护冷却系统设计基本参数

当采用防护冷却系统保护防火卷帘、防火玻璃墙等防火分隔设施时,系统应独立设置,喷头设置高度不应超过8 m;当设置高度为4~8 m时,应采用快速响应洒水喷头。喷头设置高度不超过4 m时,喷水强度不应小于0.5 L/(s·m);当喷头设置高度超过4 m时,每增加1 m,喷水强度应增加0.1 L/(s·m)。喷头的设置应确保喷洒到被保护对象后布水均匀,喷头间距应为1.8~2.4 m;喷头溅水盘与防火分隔设施的水平距离不应大于0.3 m;持续喷水时间不应小于系统设置部位的耐火极限要求。

仓库及类似场所采用自动喷水灭火系统的设计基本参数应符合现行国家标准《自动喷水灭火系统设计规范》(GB 50084—2017)第5.0.4条至第5.0.8条的有关规定。

【技能提升】

湿式、干式自动喷水灭火系统保养

一、实训任务

本任务是对湿式、干式自动喷水灭火系统的组件进行保养,包括阀门、报警阀组、水流指示器和试验装置等。通过完成该任务,掌握湿式、干式自动喷水灭火系统的保养内容及方法。

二、实训目的

1.能够正确保养阀门、管道、报警阀组、水流指示器和试验装置;
2.能够正确保养消防泵组和电气控制柜。

三、实施条件

要实施该项目,应准备一套完好无损、符合相关国家标准规定要求的湿式和干式自动喷水灭火系统。

四、操作指导

1.阀门保养

(1)检查系统各个控制门,如果发现铅封损坏或者锁链未固定在规定状态,应及时更换铅封,并调整锁链至规定的固定状态。如果发现阀门存在漏水、锈蚀等情况,应更换阀门密封垫,修理或更换阀门,对锈蚀部位进行除锈处理。如果启闭不灵活,则需进行润滑处理。

(2)检查室外阀门井情况,发现阀门井积水、有垃圾或者有杂物的,应及时排除积水,清除垃圾、杂物。发现管网中的控制阀门未完全开启或者关闭的,完全启闭到位。如果发现阀门有漏水等情况,应按照前述室内阀门的要求进行查漏、修复、更换、除锈和润滑。

2.管道保养

检查发现管道漆面脱落、管道接头存在渗漏、锈蚀的,应进行刷漆、补漏、除锈处理。如果检查发现支架、吊架脱焊、管卡松动,应进行补焊和紧固处理。检查管道各过滤器的使用性能,需对滤网进行拆洗,并重新安装到位。

3.报警阀组保养

(1)检查报警阀组的标识是否完好、清晰,报警阀组组件是否齐全,表面是否有裂纹、损伤等现象。检查各阀门启闭状态、启闭标识、锁具设置和信号阀信号反馈情况是否正常,报警阀组设置场所的排水设施有无排水不畅或积水等情况。

(2)检查阀瓣上的橡胶密封垫,表面应清洁无损伤,否则应清洗或更换。检查阀座的环形槽和小孔,如果发现积存泥沙和污物,应立即进行清洗。阀座密封面应平整,无碰伤和压痕,否则应修理或更换。

(3)检查湿式自动喷水灭火系统延迟器的漏水接头,必要时进行清洗,防止异物堵塞,保证其畅通。

(4)检查水力警铃铃声是否响亮,并清洗报警管路上的过滤器。拆下铃壳,彻底清除脏物和泥沙并重新安装。拆下水轮机上的漏水接头,清洁其中集聚的污物。

4.水流指示器保养

检查水流指示器,如果发现有异物、杂质等卡阻桨片的情况,应及时清除。开启末端试水装置或者试水阀,检查水流指示器的报警情况,发现存在断路、接线不实等情况的,重新接线至正常。如果发现调整螺母和触头未到位,则需重新调试到位。

5.试验装置保养

检查系统(区域)末端试水装置、楼层试水阀的设置位置是否便于操作和观察,以及是否有排水设施。检查末端试水装置压力表能否准确监测系统、保护区域最不利点的静压值。通过放水试验,可以检查系统的启动、报警功能和出水情况是否正常。

6.消防泵组及电气控制柜保养

(1)检查现场工作环境,检查防淹没措施和自动防潮除湿装置的完好有效性和工作状态,并及时进行清扫、清理和维修。

(2)查看控制柜的外观和标识情况,通过仪表、指示灯、开关位置查看控制柜的当前工作状态。做好外观保洁、除锈、补漆、补正等工作。

(3)断开控制柜总电源,检查各开关、按钮动作情况。

(4)检查柜门启闭情况,检查柜内电气原理图、接触器、熔断器、继电器等电气元器件完好情况和线路连接情况,查看有无老化、破损、松动、脱落和打火、烧蚀现象,紧固各电气接线接点和接线螺钉,查看、测试接地情况。做好控制柜内的保洁、维修、更换工作。

(5)检查消防泵组外观,应无锈蚀、无漏水、渗水等情况,检查消防水泵及水泵电动机标志,标志应清楚,铭牌应清晰,必要时应进行擦拭、除污、除锈、喷漆及重新张贴。

(6)消防泵组应安装牢固,紧固螺栓应无松动。检查接地情况,应安装牢固,必要时进行固定。

(7)测量电动机、电缆绝缘和接地电阻,查看电缆老化和破损情况,及时进行维修和更换。

(8)对泵体中心轴进行盘动,并对泵体盘根填料进行检查或更换。同时,根据产品说明书的要求检查或更换对应等级的润滑油。

(9)合上控制柜总电源,按上表的要求进行功能测试,对发现的问题,应及时进行检修。

五、实训记录表

湿式、干式自动喷水灭火系统保养记录表

序号	保养项目名称	保养记录	保养结果评定
1	阀门保养		
2	管道保养		
3	报警阀组保养		
4	水流指示器保养		
5	试验装置保养		
6	消防泵组及电气控制柜保养		
结论			

【自我测评】

一、单选题

1.自动喷水灭火系统设置场所的危险等级应根据建筑规模、高度以及火灾危险性、火灾荷载和保护对象的特点等因素确定。下列建筑中,自动喷水灭火系统设置场所的火灾危险等级为中危险级Ⅰ级的是(　　　)。

A.建筑高度为50 m的办公楼　　　　B.建筑高度为23 m的四星级旅馆

C.2 000个座位剧场的舞台　　　　　D.总建筑面积5 600 m²的商场

2.住宅建筑、幼儿园、老年人建筑、建筑高度为24 m及以下的旅馆、办公楼;仅在走道设置闭式系统的建筑等的火灾危险等级是(　　　)。

A.轻危险级　　　　　　　　　　B.中危险级

C.严重危险级　　　　　　　　　D.仓库危险级

3.对于火灾危险等级为轻危险级且净空高度不超过8 m的建筑喷水强度至少是(　　　)。

A.2 L/(min·m²)　　　　　　　　B.4 L/(min·m²)

C.6 L/(min·m²)　　　　　　　　D.8 L/(min·m²)

4.在装有网格、栅板类通透性吊顶的场所,系统的喷水强度应按表中规定值的(　　　)确定。

A.1.1倍　　　　　B.1.2倍　　　　　C.1.3倍　　　　　D.1.4倍

5.当防护冷却水幕喷水点高度不超过(　　　)时,喷水强度应为0.5 L/(s·m)。

A.4 m　　　　　B.8 m　　　　　C.12 m　　　　　D.16 m

二、简答题

1.简述民用建筑采用湿式自动喷水灭火系统的设计基本参数。

2.简述防护冷却系统设计的基本参数。

项目2.3 自动喷水灭火系统设置

【学习目标】

1.熟悉自动喷水灭火系统的主要组件;

2.掌握自动喷水灭火系统主要组件的设置要求;

3.能够定期检查和更换湿式、干式自动喷水灭火系统组件;

4.能够进行湿式、干式自动喷水灭火系统组件功能测试;湿式、干式自动喷水灭火系统工作压力和流量测试以及湿式、干式自动喷水灭火系统连锁控制和联动控制功能测试。

【案例引入】

"从天而降的救援"比119还快

2025年6月3日凌晨2时11分许,南宁一写字楼办公区域突然起火。监控显示,短短1分钟,火势迅速蔓延扩大。2时13分03秒,自动喷水灭火系统启动。2时16分03秒,火势得到明显控制。

近年来,自动喷水灭火系统已经多次"立功"。2025年3月14日,福建泉州某小区地下车库内,一辆电动自行车蓄电池突然爆炸,事故发生后,消防喷淋系统及时启动,压制了火势蔓延。2024年6月22日,江苏淮安某地下车库汽车发生自燃,高温触发车库消防喷淋系统,有效避免了火势蔓延。

好在该区域安装了自动喷淋设施,在火灾初期及时启动喷淋出水,控制住了火势。

当消防救援力量赶到现场时,办公室内烟感警报声作响,自动喷淋系统已将明火浇灭。

启示:消防设施的规范安装与可靠运行直接关乎生死安全。作为消防技术人员,必须严格遵循相关国家标准,确保系统设计合理、组件完好、响应迅捷,以确保"黄金三分钟"的灭火效能成为守护生命财产安全的坚实屏障。

【知识精析】

自动喷水灭火系统主要由洒水喷头、报警阀组、水流指示器、压力开关、末端试水装置和管网等组件组成,本节主要介绍其结构组成和设置要求。

2.3.1 洒水喷头

根据结构组成、安装方式、热敏元件、覆盖面积、应用场所和响应时间等分类标准,洒水喷头可分为不同的类型,如图2.11所示,其设置要求也有所区别。

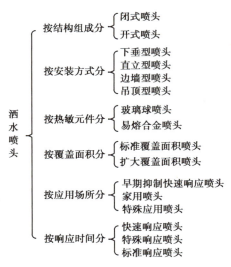

图2.11　洒水喷头分类图

1)喷头分类

闭式喷头具有释放机构,由玻璃球、易熔元件、密封件等零件组成。平时,闭式喷头的出水口由释放机构封闭,当达到公称动作温度时,玻璃球破裂或易熔元件熔化,释放机构自动脱落,喷头开启喷水。闭式喷头具有定温探测器和定温阀及布水器的作用。开式喷头(包括水幕喷头)没有释放机构,喷口呈常开状态。各种喷头的构造如图2.12—图2.14所示。

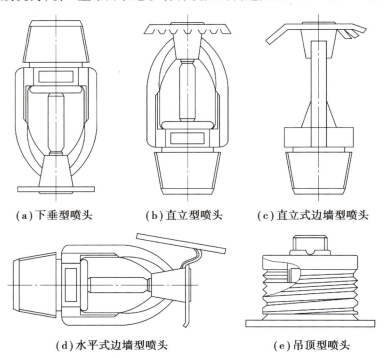

(a)下垂型喷头　　(b)直立型喷头　　(c)直立式边墙型喷头

(d)水平式边墙型喷头　　　　(e)吊顶型喷头

图2.12　闭式喷头的构造

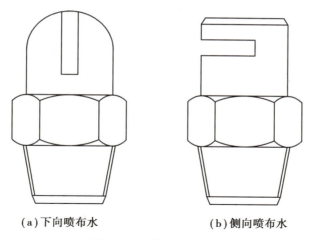

（a）下向喷布水　　　　　　（b）侧向喷布水

图2.13　水幕喷头的构造

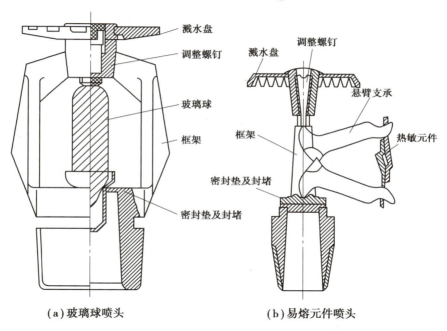

（a）玻璃球喷头　　　　　　（b）易熔元件喷头

图2.14　玻璃球喷头和易熔元件喷头的构造

喷头根据其响应时间,可分为快速响应洒水喷头、特殊响应洒水喷头和标准响应洒水喷头。快速响应洒水喷头的响应时间指数(Response Time Index,RTI)为$RTI \leqslant 50 (\mathrm{m \cdot s})^{0.5}$;特殊响应洒水喷头的响应时间指数为$50 < RTI \leqslant 80 (\mathrm{m \cdot s})^{0.5}$;标准响应洒水喷头的响应时间指数为$80 < RTI \leqslant 350 (\mathrm{m \cdot s})^{0.5}$。

根据国家标准《自动喷水灭火系统　第1部分:洒水喷头》(GB 5135.1—2019),玻璃球喷头的公称动作温度分为13个温度等级,易熔元件喷头的公称动作温度分为7个温度等级。为了区分不同公称动作温度的喷头,将感温玻璃球中的液体和易熔元件喷头的轭臂标识为不同的颜色,见表2.6。

表2.6　闭式喷头的公称动作温度和色标

玻璃球喷头		易熔合金喷头	
公称动作温度/℃	液体色标	公称动作温度/℃	轭臂色标
57	橙	—	—
68	红	—	—
79	黄	57~77	无色
93	绿	80~107	白
107	绿	121~149	蓝
121	蓝	163~191	红
141	蓝	204~246	绿
163	紫	260~302	橙
182	紫	320~343	橙
204	黑	—	—
227	黑	—	—
260	黑	—	—
343	黑	—	—

2)洒水喷头选型与设置要求

(1)基本要求

设置闭式系统的场所,所选洒水喷头的类型和场所的最大净空高度应符合表2.7的规定,但仅用于保护室内钢屋架等建筑构件的洒水喷头和货架内置洒水喷头,可不受此表规定的限制。闭式系统洒水喷头的公称动作温度宜高于环境最高温度30 ℃。

表2.7　洒水喷头类型和场所净空高度

设置场所		喷头类型			场所净空高度 H/m
		一只喷头的保护面积	响应时间性能	流量系数K	
民用建筑	普通场所	标准覆盖面积洒水喷头	快速响应洒水喷头 特殊响应洒水喷头 标准响应洒水喷头	K≥80	H≤8
		扩大覆盖面积洒水喷头	快速响应洒水喷头	K≥80	
	高大空间场所	标准覆盖面积洒水喷头	快速响应洒水喷头	K≥115	8<H≤12
		非仓库型特殊应用洒水喷头			
		非仓库型特殊应用洒水喷头			12<H≤18
厂房		标准覆盖面积洒水喷头	特殊响应洒水喷头 标准响应洒水喷头	K≥80	H≤8
		扩大覆盖面积洒水喷头	标准响应洒水喷头	K≥80	

续表

设置场所	喷头类型			场所净空高度 H/m
	一只喷头的保护面积	响应时间性能	流量系数 K	
厂房	标准覆盖面积洒水喷头	特殊响应洒水喷头 标准响应洒水喷头	$K>115$	$8<H\leqslant12$
	非仓库型特殊应用洒水喷头			
仓库	标准覆盖面积洒水喷头	特殊响应洒水喷头 标准响应洒水喷头	$K\geqslant80$	$H\leqslant9$
	仓库型特殊应用洒水喷头			$H\leqslant12$
	早期抑制快速响应洒水喷头			$H\leqslant13.5$

（2）洒水喷头选型

①对于湿式自动喷水灭火系统，在不设吊顶的场所内设置喷头，当配水支管布置在梁下时，应采用直立型洒水喷头；吊顶下布置的洒水喷头，应采用下垂型洒水喷头或吊顶型洒水喷头；顶板为水平面的轻危险级、中危险级Ⅰ级住宅建筑、宿舍、旅馆建筑客房、医疗建筑病房和办公室，可采用边墙型洒水喷头；易受碰撞的部位，应采用带保护罩的洒水喷头或吊顶型洒水喷头；顶板为水平面，且无梁、通风管道等障碍物影响喷头洒水的场所，可采用扩大覆盖面积洒水喷头；住宅建筑和宿舍、公寓等非住宅类居住建筑宜采用家用喷头；不宜选用隐蔽式洒水喷头，确需采用时，应仅适用于轻危险级和中危险级Ⅰ级场所。

②对于干式系统和预作用系统，应采用直立型喷头或干式下垂型喷头。

③对于水幕系统，防火分隔水幕应采用开式洒水喷头或水幕喷头，防护冷却水幕应采用水幕喷头。

④对于公共娱乐场所，中庭环廊，医院、疗养院的病房及治疗区域，老年、少儿、残疾人的集体活动场所，地下的商业及仓储用房，宜采用快速响应喷头。

⑤闭式系统的喷头，其公称动作温度宜比环境最高温度高30 ℃。

（3）设置要求

①直立型、下垂型标准覆盖面积洒水喷头的布置。直立型、下垂型标准覆盖面积洒水喷头的布置，包括同一根配水支管上喷头的间距及相邻配水支管的间距，应根据设置场所的火灾危险等级、洒水喷头类型和工作压力确定，并不应大于表2.8的规定，且不应小于1.8 m。

表2.8   直立型、下垂型标准覆盖面积洒水喷头的布置

火灾危险等级	正方形布置的边长/m	矩形或平行四边形布置的长边边长/m	一只喷头的最大保护面积/m²	喷头与端墙的距离/m	
				最大	最小
轻危险级	4.4	4.5	20.0	2.2	0.1
中危险级Ⅰ级	3.6	4.0	12.5	1.8	
中危险级Ⅱ级	3.4	3.6	11.5	1.7	
严重危险级、仓库危险级	3.0	3.6	9.0	1.5	

②直立型、下垂型扩大覆盖面积洒水喷头的布置。直立型、下垂型扩大覆盖面积洒水喷头应采用正方形布置,其布置间距不应大于表2.9的规定,且不应小于2.4 m。

表2.9　直立型、下垂型扩大覆盖面积洒水喷头的布置间距

火灾危险等级	正方形布置的边长/m	一只喷头的最大保护面积/m²	喷头与端墙的距离/m	
			最大	最小
轻危险级	5.4	29.0	2.7	
中危险级Ⅰ级	4.8	23.0	2.4	0.1
中危险级Ⅱ级	4.2	17.5	2.1	
严重危险级	3.6	13.0	1.8	

③边墙型标准覆盖面积洒水喷头的布置。边墙型标准覆盖面积洒水喷头的最大保护跨度与间距应符合表2.10的规定。

表2.10　边墙型标准覆盖面积洒水喷头的最大保护跨度与间距

火灾危险等级	配水支管上喷头的最大间距/m	单排喷头的最大保护跨度/m	两排相对喷头的最大保护跨度/m
轻危险级	3.6	3.6	7.2
中危险级Ⅰ级	3.0	3.0	6.0

注:①两排相对洒水喷头应交错布置;
　　②室内跨度大于两排相对喷头的最大保护跨度时,应在两排相对喷头中间增设一排喷头。

④边墙型扩大覆盖面积洒水喷头的布置。边墙型扩大覆盖面积洒水喷头的最大保护跨度和配水支管上洒水喷头的间距,应按洒水喷头在工作压力下能够喷湿对面墙和邻近端墙距溅水盘1.2 m高度以下的墙面确定,且保护面积内的喷水强度应符合表2.3民用建筑和工业厂房采用湿式系统的设计基本参数的规定。

⑤直立型、下垂型早期抑制快速响应洒水喷头、特殊应用洒水喷头和家用洒水喷头的布置。除吊顶型洒水喷头及吊顶下设置的洒水喷头外,直立型、下垂型早期抑制快速响应洒水喷头、特殊应用洒水喷头和家用喷头溅水盘与顶板的距离应符合表2.11的规定。

表2.11　喷头溅水盘与顶板的距离

喷头类型		喷头溅水盘与顶板的距离S_L
早期抑制快速响应洒水喷头/ mm	直立型	$100 \leqslant S_L \leqslant 150$
	下垂型	$150 \leqslant S_L \leqslant 360$
特殊应用洒水喷头/ mm		$150 \leqslant S_L \leqslant 200$
家用洒水喷头/ mm		$25 \leqslant S_L \leqslant 100$

⑥图书馆、档案馆、商场、仓库中通道上方洒水喷头的布置。图书馆、档案馆、商场、仓库中通道上方宜设有洒水喷头。洒水喷头与被保护对象的水平距离不应小于0.3 m,喷头溅水盘与保护对象的最小垂直距离不应小于表2.12的规定。

表2.12　喷头溅水盘与保护对象的最小垂直距离

喷头类型	最小垂直距离/mm
标准覆盖面积洒水喷头、扩大覆盖面积洒水喷头	450
特殊应用喷头、早期抑制快速响应喷头	900

⑦货架内置洒水喷头的布置。货架内置洒水喷头宜与顶板下洒水喷头交错布置,其溅水盘与上方层板的距离应符合《自动喷水灭火系统设计规范》(GB 50084—2017)的规定,与其下部储物顶面的垂直距离不宜小于150 mm。当货架内置洒水喷头上方有孔洞、缝隙时,可在洒水喷头上方设置挡水板。挡水板应为正方形或圆形金属板,其平面面积不宜小于0.12 m²,周围弯边的下沿宜与洒水喷头的溅水盘平齐。

⑧通透性吊顶场所洒水喷头的布置。装设网格、栅板类通透性吊顶的场所,当通透面积占吊顶总面积的比例大于70%时,喷头应设置在吊顶上方,且通透性吊顶开口部位的净宽不应小于10 mm,开口部位的厚度不应大于开口的最小宽度,喷头间距及溅水盘与吊顶上表面的距离应符合表2.13的规定。

表2.13　通透性吊顶场所喷头布置要求

火灾危险等级	喷头间距 S/m	喷头溅水盘与吊顶上表面的最小距离/mm
轻危险级、中危险级Ⅰ级	S≤3	450
	3<S≤3.6	600
	S>3.6	900
中危险级Ⅰ级	S≤3	600
	S>3	900

⑨闷顶和技术夹层内洒水喷头的设置。净空高度大于800 mm的闷顶和技术夹层内应设置洒水喷头,当闷顶内敷设的配电线路采用不燃材料套管或封闭式金属线槽保护,风管保温材料等采用不燃、难燃材料制作,且无其他可燃物时,闷顶和技术夹层内可不设置洒水喷头。

⑩水幕喷头的布置。防火分隔水幕的喷头布置,应保证水幕的宽度不小于6 m。采用水幕喷头时,喷头不应少于3排;采用开式洒水喷头时,喷头不应少于2排。防护冷却水幕的喷头宜布置成单排。

⑪防护冷却系统喷头的布置。当防火卷帘、防火玻璃墙等防火分隔设施需采用防护冷却系统保护时,喷头应根据可燃物的情况,在防火分隔设施的一侧或两侧布置;外墙可只在需要保护的一侧布置。

⑫斜面顶板或吊顶场所的喷头布置。当顶板或吊顶为斜面时,喷头应垂直于斜面,并应按斜面距离确定喷头间距。坡屋顶的屋脊处应设一排喷头,当屋顶坡度不小于1/3时,喷头溅水盘至屋脊的垂直距离不应大于800 mm;当屋顶坡度小于1/3时,喷头溅水盘至屋脊的垂直距离不应大于600 mm。

⑬边墙型洒水喷头溅水盘与顶板和背墙的距离。采用边墙型洒水喷头时,其溅水盘与顶板和背墙的距离应符合表2.14的规定。

表 2.14　边墙型洒水喷头溅水盘与顶板和背墙的距离

喷头类型		喷头溅水盘与顶板的距离 S_L/mm	喷头溅水盘与背墙的距离 S_w/mm
边墙型标准覆盖面积洒水喷头	直立式	$100 \leq S_L \leq 150$	$50 \leq S_w \leq 100$
	水平式	$150 \leq S_L \leq 300$	—
边墙型扩大覆盖面积洒水喷头	直立式	$100 \leq S_L \leq 150$	$100 \leq S_w \leq 150$
	水平式	$150 \leq S_L \leq 300$	—
边墙型家用喷头		$100 \leq S_L \leq 150$	

⑭喷头布置的其他要求。同一场所内的洒水喷头应布置在同一个平面上,并应贴近顶板安装,使闭式洒水喷头处于有利于接触火灾热气流的位置。除吊顶型洒水喷头及吊顶下设置的洒水喷头外,直立型、下垂型标准覆盖面积洒水喷头和扩大覆盖面积洒水喷头的溅水盘与顶板的距离不应小于 75 mm,且不应大于 150 mm。当在梁或其他障碍物的下方布置洒水喷头时,洒水喷头与顶板之间的距离不应大于 300 mm。梁和障碍物及密肋梁板下布置的洒水喷头,其溅水盘与梁等障碍物及密肋梁板底面的垂直距离不应小于 25 mm,且不应大于 100 mm。当在梁间布置洒水喷头时,洒水喷头与梁的距离应符合表 2.15 的规定。确有困难时,溅水盘与顶板的距离不应大于 550 mm,以避免洒水受到阻挡。梁间布置的洒水喷头,其溅水盘与顶板的距离达到 550 mm,但仍不能符合表 2.15 的规定时,应在梁底面的下方增设洒水喷头。洒水喷头与障碍物距离的其他要求,应符合国家消防技术标准和规范的规定。

表 2.15　洒水喷头与梁、通风管道等障碍物的距离

洒水喷头与梁、通风管道的水平距离 a/mm	喷头溅水盘与梁或通风管道底面的垂直距离 b/mm		
	标准覆盖面积洒水喷头	扩大覆盖面积洒水喷头、家用洒水喷头	早期抑制快速响应洒水喷头、特殊应用洒水喷头
$a < 300$	0	0	0
$300 \leq a < 600$	$b \leq 60$	0	$b \leq 40$
$600 \leq a < 900$	$b \leq 140$	$b \leq 30$	$b \leq 140$
$900 \leq a < 1\ 200$	$b \leq 240$	$b \leq 80$	$b \leq 250$
$1\ 200 \leq a < 1\ 500$	$b \leq 350$	$b \leq 130$	$b \leq 380$
$1\ 500 \leq a < 1\ 800$	$b \leq 450$	$b \leq 180$	$b \leq 550$
$1\ 800 \leq a < 2\ 100$	$b \leq 600$	$b \leq 230$	$b \leq 780$
$a \geq 2100$	$b \leq 880$	$b \leq 350$	$b \leq 780$

2.3.2　报警阀组

自动喷水灭火系统根据不同的系统选用不同的报警阀组。

1)报警阀组的分类及组成

报警阀组分为湿式报警阀组、干式报警阀组、雨淋报警阀组和预作用报警装置。

（1）湿式报警阀组

①湿式报警阀组的组成。湿式报警阀是湿式系统的专用阀门，是只允许水流入系统，并在规定压力、流量下驱动配套部件报警的一种单向阀。湿式报警阀组的主要元件为止回阀，其开启条件与入口压力及出口流量相关，它与延迟器、水力警铃、压力开关和控制阀等组成报警阀组，如图 2.15 所示。

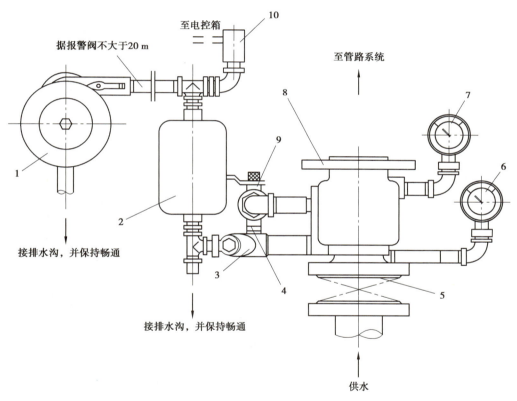

图 2.15　湿式报警阀组

1—水力警铃；2—延迟器；3—过滤器；4—试验球阀；5—水源控制阀；6—进水侧压力表；
7—出水侧压力表；8—报警阀；9—排水球阀；10—压力开关

②湿式报警阀的工作原理。湿式报警阀组中报警阀的结构有两种，即隔板座圈型和导阀型。隔板座圈型湿式报警阀的结构如图 2.16 所示。

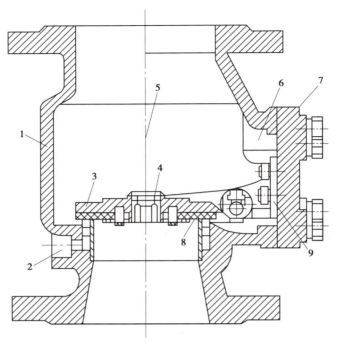

图2.16　隔板座圈型湿式报警阀

1—阀体；2—报警口；3—阀瓣；4—补水单向阀；5—测试口；6—检修口；7—阀盖；8—座圈；9—支架

　　隔板座圈型湿式报警阀上设有进水口、报警口、测试口、检修口和出水口，阀内部设有阀瓣、阀座等组件，是控制水流方向的主要可动密封件。在准工作状态时，阀瓣上下充满水，水

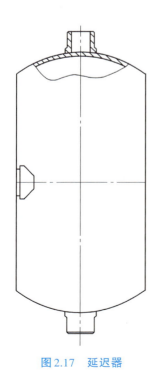

图2.17　延迟器

的压强近似相等。由于阀瓣上面与水接触的面积大于下面与水接触的面积，因此阀瓣受到的水压合力向下。在水压力及自重的作用下，阀瓣坐落在阀座上，处于关闭状态。当水源压力出现波动或冲击时，通过补偿器（或补水单向阀）使上、下腔压力保持一致，水力警铃不发生报警，压力开关不接通，阀瓣仍处于准工作状态。补偿器具有防止误报或误动作功能。闭式喷头喷水灭火时，补偿器来不及补水，阀瓣上面的水压下降，当其下降到使下腔的水压足以开启阀瓣时，下腔的水便向洒水管网及动作喷头供水，同时水沿着报警阀的环形槽进入报警口，流向延迟器、水力警铃，随后警铃发出声响报警，压力开关开启，给出电接点信号并启动自动喷水灭火系统的给水泵。

　　③延迟器的工作原理。如图2.17所示，延迟器是一个罐式容器，其入口与报警阀的报警水流通道连接，出口与压力开关和水力警铃连接，延迟器入口前安装有过滤器。在准工作状态下，可防止因压力波动而产生误报警。当配水管道发生渗漏时，有可能引起湿式报警阀阀瓣的微小开启，使水进入延迟器。但是，由于水的流量小，进入延迟器的水

会从延迟器底部的节流孔排出,使延迟器无法充满水,更不能从出口流向压力开关和水力警铃。只有当湿式报警阀开启,经报警通道进入延迟器的水流将延迟器注满并由出口溢出时,才能驱动水力警铃和压力开关。

④水力警铃的工作原理。水力警铃是一种靠水力驱动的机械警铃,安装在报警阀组的报警管道上。报警阀开启后,水流进入水力警铃并形成一股高速射流,冲击水轮并带动铃锤快速旋转,敲击铃盖发出声响警报。水力警铃的构造如图2.18所示。

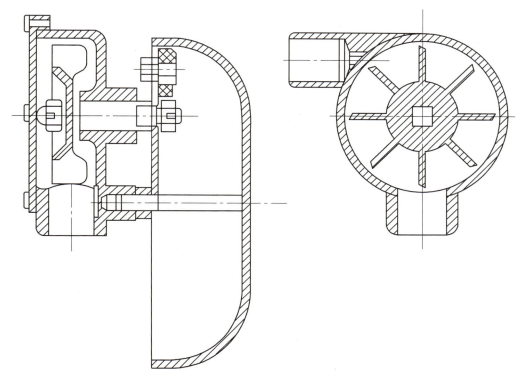

图2.18　水力警铃的构造

(2)干式报警阀组

①干式报警阀组的组成。干式报警阀组主要由干式报警阀、水力警铃、压力开关、空压机、安全阀和控制阀等组成,如图2.19所示。报警阀的阀瓣将阀门分成两部分,出口侧与系统管路相连,内充压缩空气,进口侧与水源相连,配水管道中的气压抵住阀瓣,使配水管道始终保持干管状态,通过两侧气压和水压的压力变化控制阀瓣的封闭和开启。喷头开启后,干式报警阀自动开启,其后续的一系列动作类似于湿式报警阀组。

②干式报警阀的工作原理。其中,阀瓣、水密封阀座、气密封阀座组成隔断水、气的可动密封件。在准工作状态下,报警阀处于关闭位置,橡胶面的阀瓣紧紧地闭合于两个同心的水、气密封阀座上,内侧为水密封圈,外侧为气密封圈,内、外侧之间的环形隔离室与大气相通,大气由报警接口配管通向平时开启的自动滴水球阀。在注水口将水加到打开注水推水阀时有水流出为止,然后关闭注水口。注水是为了使气垫圈起密封作用,防止系统中的空气泄漏到隔离室或大气中。只要管道的气压保持在适当值,阀瓣就始终处于关闭状态。

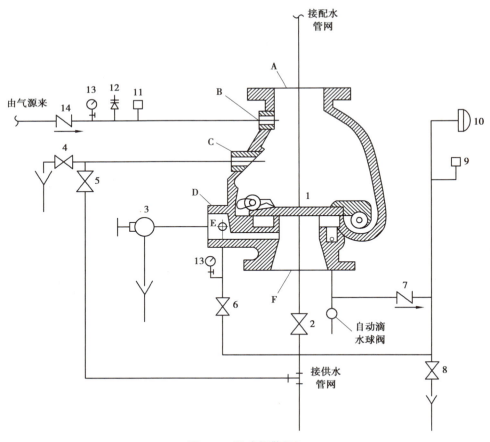

图 2.19　干式报警阀组

A—报警阀出口;B—充气口;C—注水、排水口;D—主排水口;E—试警铃口;F—供水口;
G—信号报警口;1—报警阀;2—水源控制阀;3—主排水阀;4—排水阀;5—注水阀;6—试警铃阀;7,14—止回阀;8—小孔阀;9—压力开关;10—警铃;11—低压压力开关;12—安全阀;13—压力表

（3）雨淋报警阀组

①雨淋报警阀组的组成。雨淋报警阀是通过电动、机械或其他方法开启,使水能够自动流入喷水灭火系统并同时进行报警的一种单向阀。雨淋报警阀按照结构可分为隔膜式、推杆式、活塞式和蝶阀式。雨淋报警阀广泛应用于雨淋系统、水幕系统、水雾系统、泡沫系统等各类开式自动喷水灭火系统中。雨淋报警阀组的组成如图2.20所示。

②雨淋阀的工作原理。雨淋阀是水流控制阀,可以通过电动、液动、气动及机械方式开启。

雨淋阀的阀腔分成上腔、下腔和控制腔3个部分。控制腔与供水管道连通,中间设有限流传压的孔板。供水管道中的压力水推动控制腔中的膜片,进而推动驱动杆顶紧阀瓣锁定杆,锁定杆产生力矩,把阀瓣锁定在阀座上。阀瓣使下腔的压力水不能进入上腔。控制腔泄压时,使驱动杆作用在阀瓣锁定杆上的力矩小于供水压力作用在阀瓣上的力矩,于是阀瓣开启,供水进入配水管道。

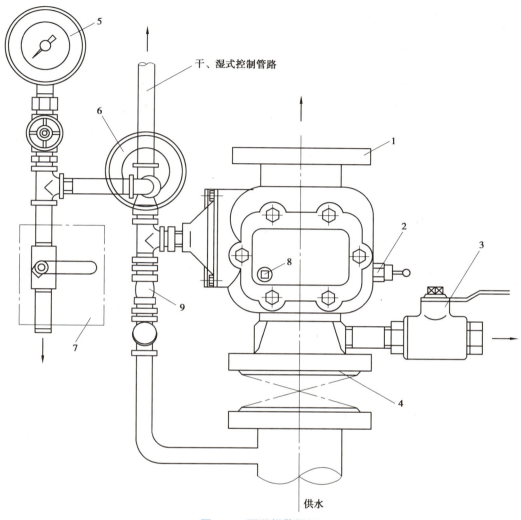

图2.20　雨淋报警阀组

1—雨淋阀；2—自动滴水阀；3—排水球阀；4—供水控制阀；5—隔膜室压力表；6—供水压力表；
7—紧急手动控制装置；8—阀瓣复位轴；9—节流阀

（4）预作用报警装置

预作用报警装置由预作用报警阀组、控制盘、气压维持装置和空气供给装置等组成，它是通过电动、气动、机械或其他方式控制报警阀组开启，使水能够单向流入自动喷水灭火系统，并同时进行报警的一种单向阀组装置。

2）报警阀组设置要求

自动喷水灭火系统应根据不同的系统形式设置相应的报警阀组。保护室内钢屋架等建筑构件的闭式系统，应设置独立的报警阀组；水幕系统应设置独立的报警阀组或感温雨淋阀。

报警阀组宜设置在安全且易于操作、检修的地点，环境温度不低于4 ℃且不高于70 ℃，距地面的距离宜为1.2 m。水力警铃应设置在有人值班的地点附近，其与报警阀连接的管道直径应为20 mm,总长度不宜大于20 m;水力警铃的工作压力不应小于0.05 MPa。

一个报警阀组控制的喷头数量,对于湿式系统、预作用系统不宜超过800只,对于干式系统不宜超过500只。串联接入湿式系统配水干管的其他自动喷水灭火系统,应分别设置独立的报警阀组,其控制的喷头数量计入湿式报警阀组控制的喷头总数。每个报警阀组供水的最高和最低位置喷头的高程差不宜大于50 m。

控制阀安装在报警阀的入口处,用于在系统检修时关闭系统。控制阀应保持在常开位置,保证系统时刻处于警戒状态。使用信号阀时,其启闭状态的信号应反馈到消防控制中心;使用常规阀门时,必须用锁具锁定阀板位置。

2.3.3　水流指示器

1)水流指示器的组成

水流指示器是在自动喷水灭火系统中,将水流信号转换成电信号的一种水流报警装置,一般用于湿式、干式、预作用、重复启闭式以及自动喷水-泡沫联用系统中。水流指示器的叶片与水流方向垂直,喷头开启后引起管道中的水流动,当叶片或膜片感知水流的作用力时带动传动轴动作,接通延时线路,延时器开始计时。达到延时设定时间后,叶片仍向水流方向偏转无法回位,电触点闭合输出信号。当水流停止时,叶片和动作杆复位,触点断开,信号消除。螺纹式和法兰式水流指示器的结构如图2.21所示。

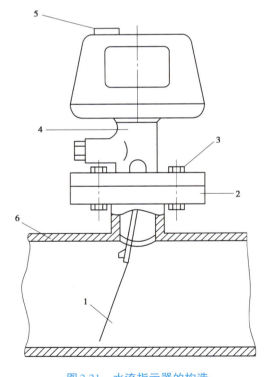

图2.21　水流指示器的构造

1—浆片;2—法兰底座;3—螺栓;4—本体;5—接线孔;6—管道

2)水流指示器设置要求

①水流指示器的功能是及时报告发生火灾的位置。在设置闭式自动喷水灭火系统的建筑内,每个防火分区和每个楼层均应设置水流指示器。当水流指示器前端设置控制阀时,应采用信号阀。

②仓库内板下喷头与货架内喷头应分别设置水流指示器。

2.3.4 压力开关

1)压力开关的组成

压力开关是一种压力传感器,它是自动喷水灭火系统中的一个部件,其作用是将系统的压力信号转化为电信号。报警阀开启后,报警管道充水,压力开关受到水压的作用后接通电触点,输出报警阀开启及供水泵启动的信号。报警阀关闭时电触点断开。压力开关的构造如图2.22所示。

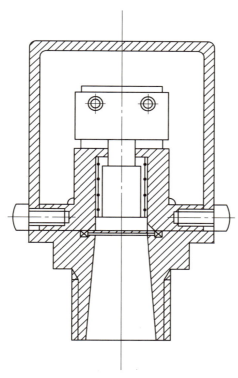

图2.22 压力开关的构造

2)压力开关设置要求

①压力开关安装在延迟器出口后的报警管道上。自动喷水灭火系统应采用压力开关控制稳压泵,并应能调节启停稳压泵的压力。

②雨淋系统和防火分隔水幕,其水流报警装置宜采用压力开关。

2.3.5 末端试水装置

1)末端试水装置的组成

末端试水装置由试水阀、压力表以及试水接头等组成,其作用是检验系统的可靠性,测试干式系统和预作用系统的管道充水时间。末端试水装置的构造如图2.23所示。

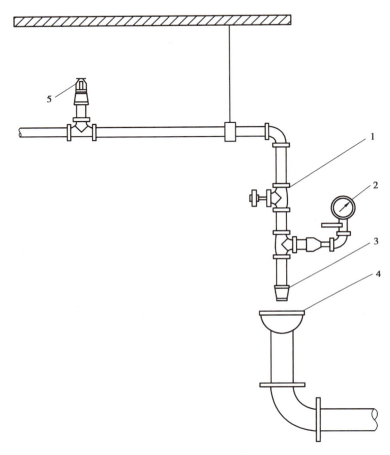

图2.23 末端试水装置

1—截止阀;2—压力表;3—试水接头;4—排水漏斗;5—最不利点处喷头

2)末端试水装置设置要求

①每个报警阀组控制的供水管网水力计算最不利点处喷头应设置末端试水装置,其他防火分区、楼层均应设置DN25 mm的试水阀。

②末端试水装置和试水阀应设置在便于操作的部位,且应配备有足够排水能力的排水设施。

③末端试水装置应由试水阀、压力表以及试水接头组成。末端试水装置出水口的流量系数K,应与系统同楼层或同防火分区选用的喷头相等。末端试水装置的出水,应采用孔口出流的方式排入排水管道。

2.3.6　管道

1)管道的工作压力

自动喷水灭火系统配水管道的工作压力不应大于 1.20 MPa,并不应设置其他用水设施。轻危险级、中危险级场所中各配水管入口的压力均不宜大于 0.40 MPa。

2)管道的材质

自动喷水灭火系统的配水管道应采用内外壁热镀锌钢管、涂覆钢管、不锈钢管或铜管。当报警阀入口前管道采用不防腐的钢管时,应在报警阀前设置过滤器。

自动喷水灭火系统采用氯化聚氯乙烯(PVC-C)管材及管件时,设置场所的火灾危险等级应为轻危险级或中危险级Ⅰ级,系统应为湿式系统,并采用快速响应洒水喷头,且氯化聚氯乙烯(PVC-C)管材及管件应符合下列要求:

①应用于公称直径不超过 DN80 的配水管及配水支管,且不应穿越防火分区;

②当设置在有吊顶场所时,吊顶内应无其他可燃物,吊顶材料应为不燃或难燃装修材料;

③当设置在无吊顶场所时,该场所应为轻危险级场所,顶板应为水平、光滑顶,且喷头溅水盘与顶板的距离不应大于 100 mm。

洒水喷头与配水管道采用消防洒水软管连接时,应符合下列规定:

①消防洒水软管仅适用于轻危险级或中危险级Ⅰ级场所,且系统应为湿式系统;

②消防洒水软管应设置在吊顶内;

③消防洒水软管的长度不应超过 1.8 m。

3)配水支管控制的喷头数量

配水管两侧每根配水支管控制的标准流量洒水喷头数量,轻危险级、中危险级场所不宜超过 8 只,同时在吊顶上下设置喷头的配水支管,上下侧均不应超过 8 只。严重危险级及仓库危险级场所均不应超过 6 只。

4)管道的直径

短立管及末端试水装置的连接管,其管径不应小于 25 mm。干式系统、预作用系统的供气管道,采用钢管时,管径不宜小于 15 mm;采用铜管时,管径不宜小于 10 mm。

【技能提升】

湿式、干式自动喷水灭火系统连锁控制和联动控制功能测试

一、实训任务

本任务测试对湿式、干式自动喷水灭火系统的连锁控制和联动控制功能。通过完成该任务,掌握湿式、干式自动喷水灭火系统的连锁控制和联动控制功能测试方法。

二、实训目的

1.能够正确设置喷淋泵组电气控制柜及火灾报警控制器(联动型)的控制方式;

2.能够正确测试湿式、干式自动喷水灭火系统的连锁控制功能,并进行复位操作;

3.能够正确测试湿式、干式自动喷水灭火系统的联动控制功能,并进行复位操作。

三、实施条件

要实施该项目,应准备一套完好无损、符合相关国家标准规定要求的湿式、干式自动喷水灭火系统、火灾自动报警系统和相关工具。

四、操作指导

(1)确认喷淋泵组电气控制柜处于"自动"状态;确认消防联动控制器处于自动状态;缓慢打开末端试水装置,检查压力开关连锁启动喷淋泵组的情况。

(2)将喷淋泵组电气控制柜设置为"手动"状态,停止消防水泵,关闭末端试水装置,复位消防联动控制器,并将喷淋泵组电气控制柜重新设置为"自动"状态。

(3)断开报警阀压力开关与消防联动控制器的连线,打开警铃试验阀;触发所在防护区域内任一手动火灾报警按钮,观察消防联动控制器是否接收到手动火灾报警按钮报警信息;连接报警阀压力开关与消防联动控制器的连线,检查手动火灾报警按钮火警信号及报警阀压力开关与逻辑组合启动喷淋泵和反馈情况。

(4)关闭警铃试验阀,复位手动火灾报警按钮和消防联动控制器。

五、实训记录表

湿式、干式自动喷水灭火系统连锁控制和联动控制功能测试记录表

序号	测试项目名称	测试记录	测试结果评定
1	喷淋泵组电气控制柜及火灾报警控制器(联动型)的控制方式设置		
2	湿式、干式自动喷水灭火系统的连锁控制功能测试		
3	湿式、干式自动喷水灭火系统的联动控制功能测试		
结论			

【自我测评】

一、单选题

1.下列自动喷水灭火系统组件中,不属于末端试水装置组成的是( )。

  A.试水阀   B.压力表

  C.试水接头   D.喷头

2.玻璃球闭式系统的液体颜色为红色时,其公称动作温度为(   )。

    A.57 ℃   B.68 ℃   C.79 ℃   D.93 ℃

3.除吊顶型洒水喷头及吊顶下设置的洒水喷头外,直立型、下垂型标准覆盖面积洒水喷头和扩大覆盖面积洒水喷头溅水盘与顶板的距离应为(   )。

    A.60~150 mm   B.75~140 mm

    C.70~150 mm   D.75~150 mm

4.一个报警阀组控制的喷头数量,对于湿式系统、预作用系统不宜超过(   )。

    A.800 只   B.700 只   C.600 只   D.500 只

5.水力警铃应设置在有人值班的位置,其工作压力不应小于(   )。

    A.0.3 MPa   B.0.2 MPa   C.0.1 MPa   D.0.05 MPa

二、简答题

1.简述末端试水装置的作用。

2.简述湿式报警阀组的工作原理。

3.简述水流指示器的设置要求。

模块 3
水喷雾灭火系统

项目3.1 水喷雾灭火系统型式选择

【学习目标】

1. 了解水喷雾灭火系统的灭火机理；
2. 熟悉水喷雾灭火系统的分类与组成、系统的组件及其功能；
3. 掌握水喷雾灭火系统的工作原理及适用范围；
4. 能够识别水喷雾灭火系统的组件；
5. 能够在不同场景中正确选择水喷雾灭火系统；
6. 能够进行水喷雾灭火系统施工过程材料进场检验。

【案例引入】

2015年8月12日22时51分46秒，位于天津市滨海新区天津港的瑞海公司危险品仓库发生火灾爆炸事故，本次事故中爆炸总能量约为450 t三硝基甲苯（TNT）当量。火灾造成165人遇难，其中消防救援人员共计牺牲99人。

2019年3月30日18时许，四川省凉山州木里县雅砻江镇立尔村发生森林火灾，扑火人员在转场途中，受瞬间风力风向突变影响，突遇山火爆燃，27名森林消防指战员和3名地方扑火人员牺牲。这些牺牲的消防员名单和出生日期显示，他们大多是"90后"，最小的年仅19岁。

启示：当前我们的生活是和平、安宁的，但自然或人为的灾难也时常发生。每当灾难发生时，冲在前面的很多是跟我们年纪相仿的年轻人。其实，"哪有什么岁月静好，只不过是有人在负重前行"，甚至有一些人在十八九岁花一般的年纪便献出了生命。作为新时代的大学生，虽然我们不用冲在前线，但也应该承担起自己的责任，学好当下的专业知识，提升自己的安全意识和救助技能，尽己所能地利用所学知识技能减轻别人的负担。

【知识精析】

水喷雾灭火系统是由水源、供水设备、管道、雨淋报警阀（或电动控制阀、气动控制阀）、过滤器和水雾喷头等组成，发生火灾时向保护对象喷射水雾进行灭火或防护冷却的系统。

3.1.1　系统灭火机理

水喷雾灭火系统通过改变水的物理状态，利用水雾喷头使水从连续的洒水状态转变成不连续的细小水雾滴喷射出来。它具有较高的电绝缘性能和良好的灭火性能。水喷雾的灭火机理主要是表面冷却、窒息、乳化和稀释作用，在水雾滴喷射到燃烧物质表面时通常是以这几种作用同时发生来实现控火、灭火的。

1）表面冷却

相同体积的水以水雾滴形态喷出时的表面积比直射流形态喷出时的表面积要大几百倍，当水雾滴喷射到燃烧物质表面时，因换热面积大而会吸收大量的热能并迅速汽化，使燃烧物质表面温度迅速降到物质热分解温度以下，热分解中断，燃烧终止。

表面冷却的效果不仅取决于喷雾液滴的表面积，还取决于灭火用水的温度与可燃物闪点的温度差。可燃物的闪点越高，与喷雾用水之间的温差越大，冷却效果就越好。对于气体和闪点低于灭火所使用水的温度的液体火灾，表面冷却是无效的。

2）窒息

水雾滴受热后汽化形成水蒸气，其体积为原液态水体积的 1 680 倍，可使燃烧物质周围空气中的氧含量降低，燃烧将会因缺氧而受到抑制或中断，实现窒息灭火。

3）乳化

乳化只适用于不溶于水的可燃液体，当水雾滴喷射到正在燃烧的液体表面时，由于水雾滴的冲击，在液体表层产生搅拌作用，与水不相容的可燃液体与细小水滴产生乳化，并在液体表层产生乳化层，由于乳化层的不燃性而使燃烧中断。对于某些轻质油类，乳化层只在连续喷射水雾的条件下存在，但对于黏度大的重质油类，乳化层在喷射停止后仍能保持相当长的时间，有利于防止复燃。

4)稀释

对于水溶性液体(如酒精)火灾,允许系统设计为控制灭火和稀释灭火,利用水来稀释液体,使液体的燃烧速度降低,并有足够的喷雾强度和覆盖面实现灭火。对多种水溶性可燃液体,应通过实验来获得参数以确定水喷雾系统的适用性,有可靠数据时例外。

3.1.2 系统分类

水喷雾灭火系统按启动方式可分为电动启动水喷雾灭火系统和传动管启动水喷雾灭火系统。

1)电动启动水喷雾灭火系统

电动启动水喷雾灭火系统是以普通的火灾报警系统为火灾探测系统,通过传统点型火灾探测器、线型火灾探测器和吸气式火灾探测器探测火灾。当有火情发生时,火灾探测器将火警信号传到火灾报警控制器上,火灾报警控制器打开雨淋阀的电磁阀,雨淋阀控制腔的压力下降,雨淋阀打开,供水侧水压降低,系统压力开关自动启动消防水泵,系统喷水灭火。为了减少系统响应时间,雨淋阀前的管道内应是充满水的状态。电动启动水喷雾灭火系统的组成如图3.1所示。

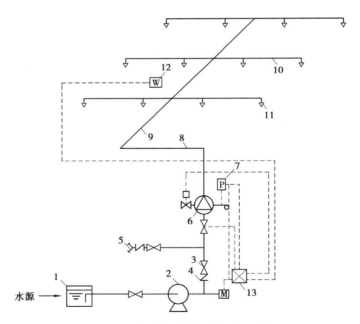

图3.1 电动启动水喷雾灭火系统

1—水池;2—水泵;3—闸阀;4—止回阀;5—水泵接合器;6—雨淋报警阀;7—压力开关;
8—配水干管;9—配水管;10—配水支管;11—开式洒水喷头;12—感温探测器;
13—报警控制器;P—压力表;M—驱动电动机

2）传动管启动水喷雾灭火系统

传动管启动水喷雾灭火系统是以传动管作为火灾探测系统,传动管内充满压缩空气或压力水。对于充水传动管的湿式系统,当闭式喷头受火灾高温影响后,传动管内的压力迅速下降,导致雨淋阀控制腔压力下降,雨淋阀打开。充气传动管的干式系统喷头动作后,传动管内的压力下降,传动管与雨淋阀控制腔之间的气动阀动作、排水,使雨淋阀控制腔的压力下降,雨淋阀打开。雨淋阀打开后使系统供水侧压力下降,压力开关自动启动消防水泵,通过雨淋阀、管网将水送到水雾喷头,水雾喷头开始喷水灭火。传动管启动水喷雾灭火系统一般适用于防爆场所,不适合安装普通火灾探测系统的场所。传动管启动水喷雾灭火系统的组成如图3.2所示。

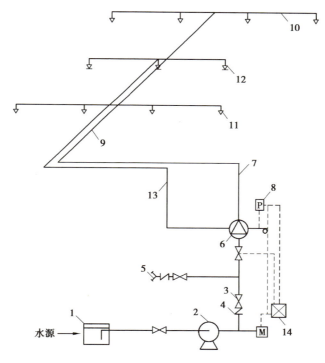

图3.2　传动管启动水喷雾灭火系统

1—水池;2—水泵;3—闸阀;4—止回阀;5—水泵接合器;6—雨淋报警阀;7—配水干管;
8—压力开关;9—配水管;10—配水支管;11—开式洒水喷头;12—闭式洒水喷头;
13—传动管;14—报警控制器;P—压力表;M—驱动电动机

传动管启动水喷雾灭火系统按传动管内的冲压介质不同,可分为充液传动管和充气传动管。充液传动管内的介质一般为压力水,这种方式适用于不结冰的场所,充液传动管的末端或最高点应安装自动排气阀。充气传动管内的介质一般为压缩空气,平时由空压机或其他气源保持传动管内的气压。这种方式适用于所有场所,但在北方寒冷地区,应在传动管的最低点设置冷凝器和汽水分离器,以保证传动管不会因冷凝水结冰而堵塞。

3.1.3 系统工作原理与适用范围

本节主要介绍水喷雾灭火系统的工作原理、适用范围和不适用范围。

1)系统工作原理

水喷雾灭火系统的工作原理是:当系统的火灾探测器探测到火灾后,自动启动雨淋报警阀组,同时发出火灾报警信号给报警控制器,系统供水侧压力开关自动启动消防水泵,水通过供水管网到达水雾喷头,水雾喷头喷水灭火。水喷雾灭火系统的工作原理如图3.3所示。

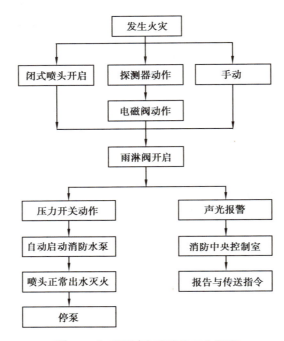

图3.3 水喷雾灭火系统的工作原理

2)系统适用范围

水喷雾灭火系统的防护目的主要有两个,即灭火和防护冷却,其适用范围随不同的防护目的而设定。

(1)灭火的适用范围

以灭火为目的的水喷雾灭火系统主要适用于以下范围:

①固体火灾

水喷雾灭火系统适用于扑救固体物质火灾。

②可燃液体火灾

水喷雾灭火系统可用于扑救丙类液体火灾和饮料酒火灾,如燃油锅炉、发电机油箱以及丙类液体输油管道火灾等。

③电气火灾

水喷雾灭火系统的离心雾化喷头喷出的水雾具有良好的电绝缘性,因此可用于扑救油浸式电力变压器、电缆隧道、电缆沟、电缆井和电缆夹层等处发生的电气火灾。

(2)防护冷却的适用范围

以防护冷却为目的的水喷雾灭火系统主要适用于以下范围:

①可燃气体和甲、乙、丙类液体的生产、储存装置和装卸设施的防护冷却;

②火灾危险性大的化工装置及管道,如加热器、反应器和蒸馏塔等的防护冷却。

3)不适用范围

(1)不适宜用水扑救的物质

①过氧化物

过氧化物是指过氧化钾、过氧化钠、过氧化钡和过氧化镁等。这类物质遇水后会发生剧烈的分解反应,放出反应热并生成氧气,其与某些有机物、易燃物、可燃物、轻金属及其盐类化合物接触时能引起剧烈的分解反应,由于反应速度过快,可能引起爆炸或燃烧。

②遇水燃烧物质

遇水燃烧物质包括金属钾、金属钠、碳化钙、碳化铝、碳化钠和碳化钾等。这类物质遇水后能使水分解,夺取水中的氧与之化合,并放出热量和产生可燃气体,造成燃烧或爆炸的恶果。

(2)使用水雾会造成爆炸或破坏的场所

①高温密闭的容器内或空间内

当水雾喷入时,由于水雾急剧汽化使容器或空间内的压力急剧升高,有造成破坏或爆炸的危险。

②表面温度经常处于高温状态的可燃液体

当水雾喷射至其表面时会造成可燃液体飞溅,致使火灾蔓延。

【技能提升】

水喷雾灭火系统施工过程材料进场检验

一、实训任务

本任务是对水喷雾灭火系统施工过程中进场的管材及管件、系统组件等材料的材质、规格、型号、质量、外观、规格尺寸、壁厚及允许偏差等进行检验,对于有复验要求或质量有疑义的材料进行抽样检测复验。通过完成该任务,掌握水喷雾灭火系统施工过程中材料进场的检验方法。

二、实训目的

1. 能够正确检查管材及管件的材质、规格、型号、质量是否符合国家现行有关产品标准和设计要求;

2. 能够正确检验管材及管件的外观质量,判断其是否存在裂纹、缩孔等缺陷,以及螺纹表面、法兰密封面、垫片是否符合要求;

3. 能够正确测量管材及管件的规格尺寸、壁厚及允许偏差,从而判断是否符合其产品标准和设计要求;

4. 能够正确处理系统组件和材料在设计上有复验要求或对质量有疑义的情况,即由监理工程师抽样,送具有相应资质的检测单位进行检测复验,并检查复验结果是否符合要求。

三、实施条件

要实施该项目,应准备水喷雾灭火系统施工所需的各类进场管材及管件、系统组件等材料,以及检查所需的出厂检验报告、合格证、钢尺、游标卡尺等工具,同时确保有符合要求的监理工程师及具有相应资质的检测单位配合(若涉及复验)。

四、操作指导

1. 检查管材及管件的材质、规格、型号、质量等是否符合国家现行有关产品标准和设计要求。检查数量为全数检查,检查方法为查看出厂检验报告与合格证。

2. 检验管材及管件的外观质量,除应符合其产品标准的规定外,还需满足以下要求:

①表面应无裂纹、缩孔、夹渣、折叠、重皮,且不应有超过壁厚负偏差的锈蚀或凹陷等缺陷;

②螺纹表面应完整无损伤,法兰密封面应平整光洁,无毛刺及径向沟槽;

③垫片应无老化变质或分层现象,表面应无折皱等缺陷。

检查数量为全数检查,检查方法为直观检查。

3. 检查管材和管件的规格尺寸、壁厚以及允许偏差是否符合产品标准和设计要求。检查数量为每一规格、型号的产品按件数抽查20%,且不得少于1件,检查方法为用钢尺和游标卡尺测量。

对于系统组件和材料在设计上有复验要求或对质量有疑义的情况,应由监理工程师抽样,并由具有相应资质的检测单位进行检测复验,检查其复验结果是否符合设计要求和国家现行有关标准的规定。检查数量按设计要求数量或送检需要量,检查方法为查看复验报告。

五、实训记录表

水喷雾灭火系统施工过程材料进场检验记录表

工程名称			
施工单位		监理单位	
子分部工程名称	进场检验	执行规范名称及编号	
分项工程名称	质量规定(规范条款)	施工单位检查记录	监理单位检查记录
材料进场检验	8.2.2		
	8.2.3		
	8.2.4		
	8.2.10		
结论			
参加单位及人员	施工单位项目负责人： (签章) 年　月　日	监理工程师： (签章) 年　月　日	

【自我测评】

一、单选题

1. 下列火灾中,不适合采用水喷雾进行灭火的是(　　)。
   A.樟脑油火灾　　　　　　　　B.人造板火灾
   C.电缆火灾　　　　　　　　　D.豆油火灾

2. 下列关于采用传动管启动水喷雾灭火系统的做法中错误的是(　　)。
   A.雨淋报警阀组通过电动开启
   B.系统利用闭式喷头探测火灾
   C.雨淋报警阀组通过气动开启
   D.雨淋报警阀组通过液动开启

3. 水喷雾灭火系统可用于扑救下列哪种火灾?(　　)
   A.硝化纤维火灾　　　　　　　B.汽油火灾
   C.钾火灾　　　　　　　　　　D.电石火灾

二、多选题

1.水雾喷头是在一定的压力作用下,利用离心或撞击原理将水流分解成细小水雾滴的喷头,其按结构可分为(　　)。

A.直通型水雾喷头　　　　　　　B.撞击型水雾喷头

C.过滤型水雾喷头　　　　　　　D.角式水雾喷头

E.离心雾化型水雾喷头

2.水喷雾系统是通过水雾喷头将水从连续的洒水状态转变成不连续的细小水雾滴而喷射出来,其灭火机理主要是(　　)等作用。

A.表面冷却　　　　　　　　　　B.窒息

C.阻燃　　　　　　　　　　　　D.乳化

E.稀释

3.水喷雾灭火系统的主要目的是灭火控火和防护冷却,其可用于灭火控火的是(　　)。

A.固体火灾　　　　　　　　　　B.可燃液体火灾

C.气体火灾　　　　　　　　　　D.金属火灾

E.电气火灾

4.下列场所中,适合采用水喷雾灭火系统的有(　　)。

A.油库　　　　　　　　　　　　B.变压器室

C.图书馆　　　　　　　　　　　D.配电室

E.液化石油气灌瓶间

5.水喷雾灭火系统的优点有(　　)。

A.灭火效率高　　　　　　　　　B.水渍损失小

C.适用范围广　　　　　　　　　D.维护简便

E.价格便宜

三、思考题

1.水喷雾灭火系统如何分类?

2.水喷雾灭火系统的适用范围有哪些?

3.简述水喷雾灭火系统的灭火机理。

4.简述水喷雾灭火系统的工作原理。

项目 3.2　水喷雾灭火系统设计

【学习目标】

1. 掌握水喷雾灭火系统水雾喷头的工作压力；
2. 掌握水喷雾灭火系统的保护面积；
3. 掌握水喷雾灭火系统的供给强度、持续供给时间和响应时间；
4. 能够根据系统的防护目的和保护对象设计水喷雾灭火系统；
5. 能够按照规范要求进行水喷雾灭火系统管道试压。

【案例引入】

2025 年 4 月 24 日 11 时，江苏某化工仓库因丙酮桶高温鼓胀泄漏遇叉车火花爆燃，水喷雾系统却因泵组双电源切换失灵、柴油发电机无油、管网冻裂渗漏、货架遮挡喷头而滴水未出；火势沿塑料托盘立体蔓延，屋顶被烧穿，消防队 11 时 15 分赶到后仍耗时 2 小时才控火，最终库房坍塌，直接损失 4 300 万元，120 吨消防废水污染河道，3 万居民停水 36 小时，企业负责人及维保人员被追刑责。

启示：设计、施工、维保、管理任何一环"掉链子"，再昂贵的系统也只是摆设；别把"验收合格"当护身符，别把"例行检查"当签字游戏，真正的合格是每一次电流、每一滴水、每一个人都能在最坏时刻挺身而出，否则火舌吞噬的不只是货物，更是企业的明天与生命的尊严。

【知识精析】

水喷雾灭火系统的基本设计参数应根据系统的防护目的和保护对象来确定。

3.2.1　水雾喷头的工作压力

当用于灭火时不应小于 0.35 MPa；当用于防护冷却时不应小于 0.2 MPa，但对于甲$_B$、乙、丙类液体储罐不应小于 0.15 MPa。

3.2.2　水喷雾灭火系统的保护面积

保护面积是指保护对象的全部暴露外表面面积。水喷雾灭火系统主要用于保护室外的大型专用设施或设备，同时也用于保护建筑物内的设施或设备，其保护面积可按以下原则确定：

①当保护对象的外形不规则时，应按照包容保护对象的最小规则形体的外表面面积来

确定。

②变压器的保护面积除应按扣除底面面积以外的变压器油箱外表面面积确定外,还应包括散热器的外表面面积和油枕及集油坑的投影面积。

③分层敷设的电缆保护面积应按整体包容电缆的最小规则形体的外表面面积确定。

④液化石油气罐瓶间的保护面积应按其使用面积确定,液化石油气瓶库、陶坛或桶装酒库的保护面积应按防火分区的建筑面积确定。

⑤输送机皮带的保护面积应按上行皮带的上表面面积确定;长距离的皮带宜实施分段保护,但每段长度不宜小于100 m。

⑥开口容器的保护面积应按照其液面面积确定。

⑦甲、乙类液体泵,可燃气体压缩机及其他相关设备,其保护面积应按相应设备的投影面积确定,且水雾应包括密封面和其他关键部位。

⑧系统用于冷却甲$_B$、乙、丙类液体储罐时,着火的地上固定顶储罐及距着火储罐罐壁1.5倍着火罐直径范围内的相邻地上储罐应同时冷却,当相邻地上储罐超过3座时,可按3座较大的相邻储罐计算消防冷却水用量。着火的浮顶罐应冷却,其相邻储罐可不冷却。着火罐的保护面积应按罐壁外表面面积计算,相邻罐的保护面积可按实际需要冷却部位的外表面面积计算,但不得小于罐壁外表面面积的1/2。

⑨系统用于冷却全压力式及半冷冻式液化烃或类似液体储罐时,着火罐及距着火罐罐壁1.5倍着火罐直径范围内的相邻罐应同时冷却;当相邻罐超过3座时,可按照3座较大的相邻罐计算消防冷却水用量。着火罐的保护面积应按其罐体外表面面积计算,相邻罐的保护面积应按其罐体外表面面积的1/2计算。

⑩系统用于冷却全冷冻式液化烃或类似液体储罐时,采用钢制外壁的单容罐,着火罐及距着火罐罐壁1.5倍着火罐直径范围内的相邻罐应同时冷却。着火罐保护面积应按其罐体外表面面积计算,相邻罐保护面积应按罐壁外表面面积的1/2及罐顶外表面面积之和计算。混凝土外壁与储罐之间没有填充材料的双容罐,着火罐的罐壁与罐顶及距着火罐罐壁1.5倍着火罐直径范围内的相邻罐罐顶应同时冷却;混凝土外壁与储罐间有保温材料填充的双容罐,着火罐的罐顶及距着火罐罐壁1.5倍着火罐直径范围内的相邻罐罐顶应同时冷却。采用混凝土外壁的全容罐,当管道进出口在罐顶时,冷却范围应包括罐顶泵平台,且宜包括管带和钢梯。

3.2.3 水喷雾灭火系统的供给强度、持续供给时间和响应时间

系统的供给强度和持续供给时间不应小于表3.1的规定,响应时间不应大于表3.1的规定。由自动喷水灭火系统配水干管或配水管供水的水喷雾灭火系统,供水管所提供的水压和流量应满足《水喷雾灭火系统技术规范》(GB 50219—2014)的要求。

表 3.1　系统的供给强度、持续供给时间和响应时间

防护目的	保护对象			供给强度/[L·(min·m²)⁻¹]	持续供给时间/h	响应时间/s
防护冷却	固体物质火灾			15	1	60
	输送机皮带			10	1	60
	液体火灾	闪点 60~120 ℃的液体		20	0.5	60
		闪点高于 120 ℃的液体		13		
		饮料酒		20		
	电气火灾	油浸式电力变压器、油断路器		20	0.4	60
		油浸式电力变压器的集油坑		6		
		电缆		13		
	甲B、乙、丙类液体储罐	固定顶罐		2.5	直径大于 20 m 的固定顶罐为 6 h,其他为 4 h	300
		浮顶罐		2		
		相邻罐		2		
	液化烃或类似液体储罐	全压力式、半冷冻式储罐		9	6	120
		全冷冻式储罐	单、双容罐	罐壁	2.5	
				罐顶	4	
			全容罐	罐顶泵平台、管道进出口等局部危险部位	20	
				管带	10	
		液氨储罐		6		
	甲、乙类液体及可燃气体生产、输送、装卸设施			9	6	120
	液化石油气罐瓶间、瓶库			9	6	60

注:①添加水系灭火剂的系统,其供给强度应由试验确定;
　　②钢制单盘式、双盘式、敞口隔舱式内浮顶罐应按浮顶罐对待,其他内浮顶罐应按固定顶罐对待。

【技能提升】

水水喷雾灭火系统施工过程中的管道试压

一、实训任务

本任务是对水喷雾灭火系统施工过程中的管道进行试压操作。通过完成该任务,掌握水喷雾灭火系统管道试压的规范流程和测试方法,确保管道在后续使用中具备可靠的性能。

二、实训目的

1.能够正确选择试验介质,确保试验采用清水进行,并能根据环境温度的情况,在低于5 ℃时采取有效的防冻措施;

2.能够准确设定试验压力,确保试验压力是设计压力的1.5倍;

3.能够合理选择试验测试点,将其设在系统管网的最低点,并对不能参与试压的设备、阀门及附件进行正确隔离或拆除;

4.能够按照全数检查的要求,规范进行管网水压试验操作,即管道充满水、排净空气后,用试压装置缓慢升压,在压力升至试验压力后稳压10 min,检查管道是否有损坏、变形,再将压力降至设计压力稳压30 min,以压力不降、无渗漏作为合格判定的依据。

三、实施条件

要实施该项目,应准备一套符合相关国家标准规定要求的试压装置、清水水源以及必要的防冻设备(如保温棉、加热装置等)。

四、操作指导

1.检查进场的水喷雾灭火系统材料的数量、规格、型号是否与设计文件一致,以及外观是否存在破损、变形等缺陷。

2.准备试验用清水,确保试验介质符合要求;同时监测环境温度,若环境温度低于5 ℃,需及时采取防冻措施,如对管道进行保温包裹、在水中添加防冻剂(需符合相关规范)等,防止试验过程中管道冻裂。

3.确定试验压力为设计压力的1.5倍,并调试好试压装置,以确保能够准确控制压力。

4.选定系统管网的最低点作为试验测试点;对不能参与试压的设备、阀门及附件,需采用盲板隔离或直接拆除的方式进行处理,避免其在试压过程中受损。

5.进行水压试验操作:先将管道充满水,彻底排净管道内的空气,防止空气影响试验结果;然后用试压装置缓慢升压,避免因升压过快对管道造成冲击;当压力升至设定的试验压力后,保持稳压10 min,仔细观察管道有无损坏、变形等情况;之后将试验压力降至设计压力,稳压30 min,在此期间持续监测压力变化,同时检查管道各连接处、接口等部位是否有渗漏现象。

6.按照全数检查的要求,对所有参与试压的管道及相关部件进行检查,若在试验过程中,管道在试验压力稳压 10 min 内无损坏、变形,且在设计压力稳压 30 min 内压力不降、无渗漏,则判定该部分材料的水压试验合格。

五、实训记录表

水喷雾灭火系统施工过程中的管道试压记录表

工程名称											
施工单位					监理单位						
管道编号	设计参数			强度试验				严密性试验			
	管径/mm	材质	压力/MPa	介质	压力/MPa	时间/min	结果	介质	压力/MPa	时间/min	结果
结论											
参加单位及人员	施工单位项目负责人: （签章） 年　月　日					监理工程师: （签章） 年　月　日					

【自我测评】

一、单选题

1.水雾喷头是在一定的压力作用下,利用离心或撞击原理将水流分解成细小水雾滴的喷头,当用于防护冷却目的时,水雾喷头的工作压力不应小于( )。

　A.0.12 MPa　　　　B.0.2 MPa　　　　　C.0.35 MPa　　　　　　D.0.5 MPa

2.水喷雾灭火系统的基本设计参数应根据其防护目的和保护对象确定。水喷雾灭火系统用于液化石油气罐瓶间防护冷却目的时,系统的响应时间不应大于( )。

　A.45 s　　　　　　B.60 s　　　　　　C.120 s　　　　　　　D.300 s

3.某综合办公楼设置了水喷雾灭火系统进行防护,该系统水雾喷头的工作压力不应小于( )。

　A.0.05 MPa　　　　B.0.1 MPa　　　　C.0.2 MPa　　　　　　D.0.35 MPa

4.水喷雾灭火系统的响应时间,当用于灭火时,不应大于( )。

　A.30 s　　　　　　B.45 s　　　　　　C.60 s　　　　　　　D.120 s

5.水喷雾灭火系统的水雾喷头工作压力,用于灭火时,不应小于(　　　)。

A.0.1 MPa　　　　　　B.0.2 MPa　　　　　　C.0.35 MPa　　　　　　D.0.5 MPa

6.用于防护冷却目的的水喷雾灭火系统,其水雾喷头的喷水强度不应小于(　　　)。

A.0.5 L/(min·m²)　　　　　　　　B.0.8 L/(min·m²)

C.1.0 L/(min·m²)　　　　　　　　D.1.2 L/(min·m²)

7.某储存汽油、轻石脑油的储罐区,采用内浮顶罐,储罐上所设置的固定式泡沫灭火系统的泡沫混合液供给强度为 12.5 L/(min·m²),连续供给时间不应小于(　　　)。

A.25 min　　　　　　B.30 min　　　　　　C.40 min　　　　　　D.45 min

二、多选题

1.水喷雾灭火系统的主要性能参数有(　　　)。

A.喷水强度　　　　　　　　　　B.响应时间

C.水雾喷头工作压力　　　　　　D.保护面积

E.射程

2.水喷雾灭火系统用于燃油锅炉房时,设计喷雾强度和持续喷雾时间应满足下列哪些规定?(　　　)

A.喷雾强度 15 L/(min·m²)　　　　B.喷雾强度 20 L/(min·m²)

C.持续喷雾时间 0.5 h　　　　　　D.持续喷雾时间 1.0 h

E.持续喷雾时间 1.5 h

3.关于水喷雾灭火系统保护面积的确定,以下哪些说法是正确的?(　　　)

A.保护面积应按保护对象的规则外表面面积确定

B.开口容器的保护面积应包括液面面积和容器开口面积

C.变压器的保护面积应包括油箱外表面和散热器外表面

D.电缆的保护面积应按电缆外径的正投影面积确定

E.输送皮带机的保护面积应按上行皮带的上表面积确定

4.关于水喷雾灭火系统的设计喷雾强度与持续喷雾时间,以下哪些组合是正确的?(　　　)

A.变压器灭火：20 L/(min·m²),持续 0.4 h

B.电缆灭火：13 L/(min·m²),持续 0.5 h

C.储罐冷却：6 L/(min·m²),持续 4 h

D.输送机皮带防护：10 L/(min·m²),持续 1 h

E.燃气锅炉房灭火：15 L/(min·m²),持续 0.5 h

三、思考题

1.在确定水喷雾灭火系统保护面积时,对"变压器本体"应按照哪些具体表面计算? 请列出并说明理由。

2.描述电缆沟水喷雾系统设计持续喷雾时间的技术依据。

3.解释液化气储罐防护冷却水喷雾系统响应时间的重要性。

项目3.3 水喷雾灭火系统设置

【学习目标】

1.掌握水喷雾灭火系统的四大基本组件在系统中的功能定位和相互关系；

2.掌握水喷雾灭火系统各组件的主要性能参数，包括喷头的 K 系数、雾化角和最低工作压力；雨淋阀的启动方式和复位方式；过滤器的目数和压损限值；管道的材质、流速和水力坡降等；

3.掌握水喷雾灭火系统的现行规范，关于各组件设置位置、间距、安装方向、维护空间、试验接口等的强制性条文；

4.能够根据保护对象类别（变压器、电缆、储罐、仓库货架）独立选择合适的喷头型号并布置喷头，以满足设计喷雾强度和覆盖范围。

5.能够对水喷雾灭火系统管道在试压合格后进行冲洗操作并进行正确记录。

【案例引入】

2025年4月22日05:00，西安某物流仓库因违规堆放的锂电池短路爆燃，瞬间点燃塑料托盘形成立体火。水喷雾系统本应自动启动，却因消防控制室空岗、雨淋阀被锁在"手动"且信号未远传而无人操作；加之三年未做末端放水试验，雨淋阀瓣锈蚀卡死、水流指示器失灵，管网无水可喷。火焰仅12 min便贯穿1号库，45 min后蔓延至3号库，导致屋顶钢结构塌落。消防队05:40到场后耗时3 h才控火，最终过火1.6万 m²，烧毁商品1.2亿元，2名值班人员因吸入浓烟入院。

启示：那一夜的火焰照亮了一个被忽视的真相，技术再先进，也救不了把灵魂调到"手动"的人。值班席空荡，阀门锈蚀，3年无人愿意拧开的那只试水阀，最终拧开了地狱之门。灾难不是偶然，它是每一次"差不多就行"的叠加，是每一句"回头再说"的回声。若我们继续把规程贴在墙上却把责任抛在脑后，下一场火将不只是烧毁仓库和商品，而且是焚毁我们对专业的敬畏和对生命的承诺。请记住：真正的消防系统，不是铜管与喷头，而是永远在岗、永不锈蚀的人心。

【知识精析】

水喷雾灭火系统由水雾喷头、雨淋阀、过滤器和供水管道等主要部件组成。本节主要介绍这些部件的构成及设置要求。

3.3.1　水雾喷头

水雾喷头是在一定的压力作用下,利用离心或撞击原理将水流分解成细小水雾滴的喷头。

1)分类

水雾喷头按结构可分为离心雾化型水雾喷头和撞击型水雾喷头两种。

(1)离心雾化型水雾喷头

离心雾化型水雾喷头由喷头体、涡流器组成,水在较高的水压下通过喷头内部的离心旋转形成水雾喷射出来,它形成的水雾具有良好的电绝缘性,扑救电气火灾应选用离心雾化型水雾喷头。但离心雾化型水雾喷头的通道较小,时间长了容易堵塞。离心雾化型水雾喷头有A型和B型两种,其外形分别如图3.4和图3.5所示。A型水雾喷头的进水口与出水口成90°角,安装后喷头出水方向可在一定范围内进行调节。B型水雾喷头的出水口和进水口在一条直线上,安装后是完全固定不可调节的。

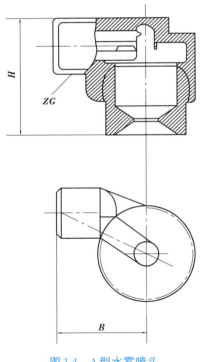

图3.4　A型水雾喷头

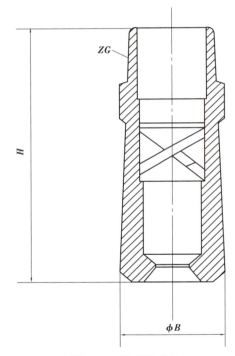

图3.5　B型水雾喷头

(2)撞击型水雾喷头

撞击型水雾喷头的压力水流通过撞击外置的溅水盘,在设定区域分散为均匀的锥形水雾。喷头由溅水盘、分流锥、框架本体和滤网组成。撞击型水雾喷头根据需要可以水平安装,也可以下垂、斜向安装,其外形如图3.6所示。

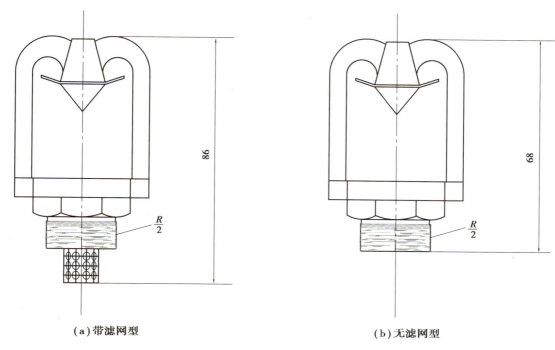

（a）带滤网型　　　　　　　　　　　　（b）无滤网型

图3.6　撞击型水雾喷头

2）主要性能参数

（1）工作压力

水雾喷头的雾化效果与喷头的工作压力有直接关系。通常情况下，喷头的工作压力越大，其水雾滴粒径越小，雾化效果越好，灭火和冷却效率也就越高。当水雾喷头的工作压力大于或等于0.2 MPa时，能获得良好的分布形状和雾化效果，满足防护冷却的要求；当压力大于或等于0.35 MPa时，能获得良好的雾化效果，满足灭火的要求。

（2）雾化角

水雾喷头常见的雾化角有30°、45°、60°、90°和120°这5种规格。

（3）流量系数

水雾喷头的流量系数K为16~102，由喷头制造商自行确定。

（4）有效射程

水雾喷头的有效射程是指喷头水平喷射时，水雾达到的最高点与喷口之间的距离。水雾锥是指在水雾有效射程内水雾形成的圆锥体。

水雾喷头的有效射程与雾化角有直接关系。同一水雾喷头，雾化角小，射程则远；反之，则近。有效射程是水雾喷头的重要性能参数，在有效射程范围内的水雾强度能够达到设计要求，可满足灭火控火或防护冷却的要求，因此水雾喷头与保护对象的有效距离不应大于水雾喷头的有效射程。离心雾化型水雾喷头的垂直喷射曲线如图3.7所示。

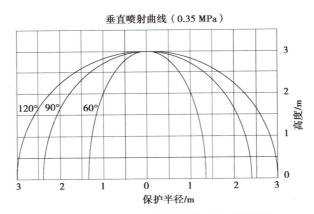

图3.7 离心雾化型水雾喷头的垂直喷射曲线

（5）水雾滴平均直径

水雾滴平均直径随喷头工作压力的变化而变化，压力越大，水雾滴平均直径越小。水雾滴的大小直接影响灭火效果，当水雾滴平均直径小于300 μm时，灭火时很难穿透火焰燃烧时产生的上升气流，不能到达燃烧物质的表面。用于露天保护对象时，小的水雾滴极易受到外界环境的影响，如有风时会被吹散，不能到达保护对象的表面，从而影响灭火效果。因此，水雾喷头的水雾滴平均直径不宜太小。但水雾滴太大时，也会影响水雾的汽化效果，使水喷雾的冷却和窒息作用降低，所以一般水雾滴的粒径应在0.3~1 mm的范围内。

3) 布置要求

（1）基本原则

水雾喷头布置的基本原则：保护对象所需水雾喷头数量应根据设计供给强度、保护面积和水雾喷头特性，按水雾喷头流量计算公式[式(3.1)]和保护对象水雾喷头数量计算公式[式(3.2)]计算确定。水雾喷头的布置应使水雾直接喷射并覆盖保护对象，当不能满足要求时，应增加水雾喷头。水雾喷头、管道与电气设备带电(裸露)部分的安全净距宜符合现行行业标准《高压配电装置设计规范》(DL/T 5352—2018)的规定。

$$q = K\sqrt{10P} \tag{3.1}$$

式中　　q——水雾喷头的流量，L/min；

　　　　P——水雾喷头的工作压力，MPa；

　　　　K——水雾喷头的流量系数，其值由喷头制造商提供。

$$N = \frac{SW}{q} \tag{3.2}$$

式中　　N——保护对象的水雾喷头的计算数量；

　　　　S——保护对象的保护面积，m²；

　　　　W——保护对象的设计喷雾强度，L/(min·m²)。

（2）布置方式

水雾喷头的平面布置方式可为矩形或菱形。当按矩形布置时,水雾喷头之间的距离不应大于水雾喷头水雾锥底圆半径的1.4倍,如图3.8所示;当按菱形布置时,水雾喷头之间的距离不应大于水雾喷头水雾锥底圆半径的1.7倍,如图3.9所示。水雾锥底圆半径应按下式计算:

$$R = B \tan \frac{\theta}{2} \tag{3.3}$$

式中　R——水雾锥底圆半径,m;

　　　B——水雾喷头的喷口与保护对象之间的距离,m;

　　　θ——水雾喷头的雾化角,(°),取值为30°、45°、60°、90°和120°。

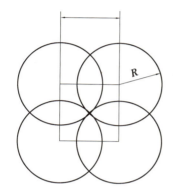

图3.8　矩形布置

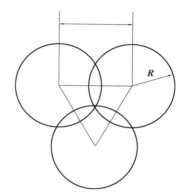

图3.9　菱形布置

（3）保护变压器水雾喷头的布置要求

当保护对象为油浸式电力变压器时,水雾喷头应布置在变压器绝缘子升高座孔口、油枕、散热器和集油坑等处。水雾喷头之间的水平距离与垂直距离应满足水雾锥相交的要求。

（4）保护对象为储罐水雾喷头的布置要求

①当保护对象为甲、乙、丙类液体和可燃气体储罐时,水雾喷头与保护储罐外壁之间的距离不应大于0.7 m;

②当保护对象为卧式储罐时,水雾喷头的布置应使水雾完全覆盖裸露表面,罐体液位计、阀门等处也应设水雾喷头保护。

（5）保护对象为球罐时水雾喷头的布置要求

①水雾喷头的喷口应朝向球心;

②水雾锥沿纬线方向应相交,沿经线方向应相接;

③当球罐的容积不小于1 000 m³时,水雾锥沿纬线方向应相交,沿经线方向宜相接,但赤道以上环管之间的距离不应大于3.6 m;

④无防护层的球罐钢支柱和罐体液位计、阀门等处应设置水雾喷头保护。

（6）保护其他对象水雾喷头的布置要求

①当保护对象为电缆时,水雾喷头的布置应使水雾完全包围电缆。

②当保护对象为输送机皮带时,水雾喷头的布置应使水雾完全包络着火输送机的机头、

机尾和上行皮带上表面。

③当保护对象为室内燃油锅炉、电液装置、氢密封油装置、发电机、油断路器、汽轮机油箱、磨煤机润滑油箱时,水雾喷头宜布置在保护对象的顶部周围,并应使水雾直接喷向并完全覆盖保护对象。

3.3.2 雨淋阀

雨淋阀作为水喷雾灭火系统中的系统报警控制阀,起着十分重要的作用。雨淋阀一般有角式雨淋阀和直通雨淋阀两种。

1)角式雨淋阀

(1)角式雨淋阀组的组成

角式雨淋阀组由角式雨淋阀、供水蝶阀、单向阀、电磁阀、手动快开阀、过滤器、压力开关和水力警铃等主要部件组成,具有功能完善、安全可靠、耐蚀性好、便于安装以及维护方便等特点。角式雨淋阀组的结构如图3.10所示。

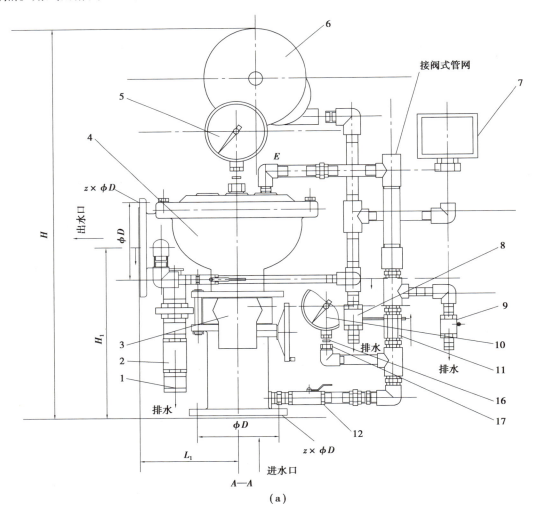

(a)

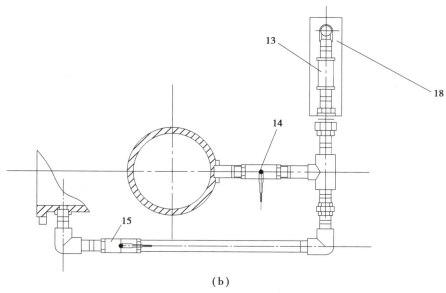

（b）

图 3.10 角式雨淋阀组结构示意图

1—供水管；2—放余水阀一；3—供水蝶阀；4—主阀；5，10—压力表；6—水力警铃；
7—压力开关；8—电磁阀；9—放余水阀二；11—单向阀；12—控制管球阀；13—过滤器；14—试警铃球阀；
15—报警管球阀；16—压力表密封垫；17—压力表接头；18—警铃接管组件

（2）角式雨淋阀组部件名称及用途

角式雨淋阀组各部件的名称及用途见表 3.2。

表 3.2 角式雨淋阀组各部件的名称及用途

序号	部件名称	用途
1	供水管	通水
2	放余水阀一（常闭）	调试、试验雨淋阀时打开，也可排放管网余水
3	供水蝶阀（常开）	系统检修时关闭
4	主阀（常闭）	灭火时打开，向管网供水
5	压力表	显示压力腔压力
6	水力警铃	产生声音报警
7	压力开关	产生报警电信号或启动消防水泵
8	电磁阀（常闭）	电动打开，使压力腔泄压而启动主阀
9	放余水阀二（常闭）	手动打开，排放报警管内余水

续表

序号	部件名称	用途
10	压力表	显示供水压力
11	单向阀	防止因压力腔水压波动而产生误动作
12	控制管球阀（常开）	关闭后可使供水腔与压力腔不连通
13	过滤器	对报警水流进行过滤,防止杂物堵塞警铃喷口
14	试警铃球阀（常闭）	手动打开后,可在雨淋阀关闭状态下试警铃
15	报警管球阀（常开）	手动关闭后,可消除报警
16	压力表密封垫	供压力表密封用
17	压力表接头	安装压力表
18	警铃接管组件	连接

（3）角式雨淋阀的工作原理

角式雨淋阀利用隔膜的运动来实现阀瓣的启闭。隔膜将阀分为压力腔（即控制腔）、工作腔和供水腔,来自供水管的压力水流作用于隔膜下部阀瓣,也从控制管路经单向阀进入压力腔而作用于隔膜的上部,由于隔膜上、下受水作用面积的差异,保证了隔膜雨淋阀具有良好的密封性。

当保护区发生火灾时,通过火灾报警控制器直接打开隔膜的电磁阀,使压力腔内的水快速排出,由于压力腔泄压,使作用于阀瓣下部的水迅速推起阀瓣,水流即进入工作腔,流向整个管网喷水灭火。同时,部分压力水流向报警管网,使水力警铃发出报警声,压力开关动作,向值班室（消防控制室）发出信号指示或直接启动消防水泵供水。此时,由于隔膜雨淋阀控制管路上的电磁阀具有自锁功能,所以雨淋阀被锁定为开启状态,灭火后,手动复位电磁阀,稍后雨淋阀将自行复位。

2）直通雨淋阀

（1）直通雨淋阀组的组成

直通雨淋阀组由直通雨淋阀、信号蝶阀、单向阀、电磁阀、手动球阀、压力开关和水力警铃等主要部件组成。直通雨淋阀具有功能完善、安全可靠、耐蚀性好、便于安装以及维护方便等特点;相对其他形式的雨淋阀而言,还具有水力性能好、水力摩阻损失小的优点。直通雨淋阀组的结构如图3.11所示。

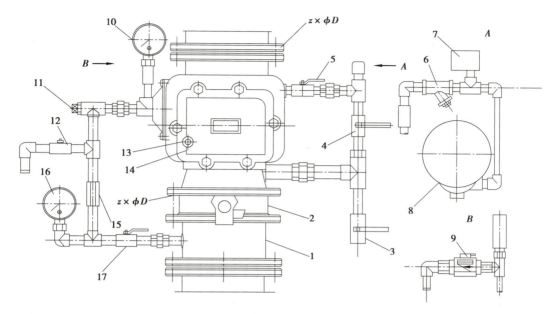

图 3.11　直通雨淋阀组结构示意图

1—进水管；2—信号蝶阀；3—排水阀；4—试水阀；5—报警管阀；
6—过滤器；7—压力开关；8—水力警铃；9—电磁阀；10—压力表一；11—堵头；
12—控制阀；13—复位杆；14—雨淋阀；15—单向阀；16—压力表二；17—控制管阀

（2）直通雨淋阀组部件名称及用途

直通雨淋阀组各部件的名称及用途见表 3.3。

表 3.3　直通雨淋阀组各部件的名称及用途

序号	部件名称	用途
1	进水管	通水
2	信号蝶阀（常开）	系统检修时关闭
3	排水阀（常闭）	调试，也可排放管网余水
4	试水阀（常闭）	手动打开后，可在雨淋阀关闭状态下试警铃
5	报警管阀（常开）	手动关闭后，可消除报警
6	过滤器	过滤水流，防止压力开关和水力警铃堵塞
7	压力开关	产生报警电信号或启动消防水泵
8	水力警铃	产生声音报警
9	电磁阀（常闭）	电动打开，使控制腔泄压而启动主阀
10	压力表一	显示控制腔压力
11	堵头	其他应用方式（如传动管启动应用）的预留口
12	控制阀（常闭）	手动打开，使控制腔泄压而紧急启动主阀
13	复位杆	动作后手动复位

续表

序号	部件名称	用途
14	雨淋阀(常闭)	灭火时打开,向管网供水
15	单向阀	防止因控制腔水压波动而产生误动作
16	压力表二	显示供水压力
17	控制管阀(常开)	关闭后可使进水管与控制腔不连通

(3)直通雨淋阀的工作原理

直通雨淋阀利用隔膜的运动实现阀瓣的开启。由隔膜将阀分为控制腔和工作腔。来自供水管的压力水流作用于阀瓣,同时,压力水还从控制管路经单向阀进入控制腔而作用于隔膜的左部,由隔膜通过推杆将力传递到压臂上,并由压臂压紧阀瓣,保证隔膜雨淋阀具有良好的密封性。

阀门具有电动控制、手动控制和传动控制3种控制方式。电动控制是当保护区发生火灾时,通过火灾报警控制器直接打开直通雨淋阀的电磁阀,使控制腔内的水快速排出;手动控制是人员手动打开控制管路上的手动球阀排水泄压,控制腔压力下降启动阀门;传动控制是通过安装在保护区内且与系统相连的闭式喷头在火灾发生时玻璃球破裂,进而排水或排气泄压来实现的。由于控制腔的泄压,通过推杆作用在压臂上的力消除,作用于阀瓣下部的水迅速推起阀瓣,水流就进入工作腔,流向整个管网喷水灭火;同时,一部分压力水流向报警管网,使水力警铃发生铃声报警,压力开关动作,发出信号或直接启动消防水泵供水。灭火后,需手动复位雨淋阀。

3)雨淋阀组的功能及设置要求

(1)雨淋阀组应具备的功能

①有自动控制和手动控制两种操作方式。

②能监测供水、出水压力。

③能接通或关闭水喷雾灭火系统的供水。

④能接收电信号电动开启雨淋阀,或能接收传动管信号液动或气动开启雨淋阀。

⑤能驱动水力警铃报警。

⑥能显示雨淋阀启、闭状态。

(2)雨淋阀组的设置要求

①雨淋阀组宜设置在环境温度不低于4 ℃并有排水设施的室内,其位置宜靠近保护对象并便于操作。

②雨淋阀组设置在室外时,雨淋阀组配件应具有防腐功能;设在防爆区的雨淋阀组配件应符合防爆要求。

③寒冷地区的雨淋阀组应采用电伴热或蒸汽伴热进行保温。

④并联设置的雨淋阀组,雨淋阀入口处应设置止回阀。

⑤雨淋阀前的管道应设置可冲洗的过滤器;当水雾喷头无滤网时,雨淋阀后的管道上应设置过滤器。过滤器滤网应采用耐腐蚀金属材料,滤网的孔径应为4~4.7目/cm²(0.6~ 0.71 mm)。

⑥雨淋阀的试水口应接入可靠的排水设施。

3.3.3　管道

水喷雾灭火系统的管道分为雨淋阀前管道和阀后管道两部分。阀后管道应采用内外热镀锌钢管,且管道上不应设置其他用水设施。系统管道的工作压力不应大于1.6 MPa,系统管道应采用沟槽式连接件(卡箍)连接,或采用螺纹、法兰连接。镀锌管道不得采用电焊、气焊挖孔、热煨弯或其他破坏镀锌层的操作。系统管道采用镀锌钢管时,管径不应小于25 mm;采用不锈钢管或铜管时,管径不应小于20 mm。系统管道的最低处或水容易聚集的地方应设置放水阀或排污口。

【技能提升】

水喷雾灭火系统施工过程中的管道冲洗

一、实训任务

本任务是对水喷雾灭火系统管道在试压合格后进行的冲洗操作,并检查冲洗是否合格。通过完成该任务,掌握水喷雾灭火系统管道冲洗的方法和合格判断标准。

二、实训目的

1.能够正确在管道试压合格后,采用消防水对水喷雾灭火系统管道进行冲洗;

2.能够保证冲洗时采用最大设计流量,且流速不低于1.5 m/s;

3.能够正确判断管道冲洗是否合格,即排出水色和透明度与入口水目测一致;

4.能够做到冲洗合格后,不再进行影响管内清洁的其他施工;

5.能够对管道冲洗情况进行全面检查。

三、实施条件

要实施该项目,应准备一套已完成试压且符合相关国家标准规定要求的水喷雾灭火系统管道,以及满足最大设计流量要求的供水设备、测量流速的工具等相关设备及工具。

四、操作指导

1.确认水喷雾灭火系统管道已经试压合格,并具备冲洗条件。

2.准备好供水设备,确保能够提供最大设计流量的水,同时准备好测量流速的工具。

3.启动供水设备,开始对管道进行冲洗,在冲洗过程中,使用测量工具监测流速,确保流速不低于1.5 m/s。

4.在冲洗过程中,需要对管道进行全面检查,观察排出水的水色和透明度,并与入口水进行目测对比。当排出水色和透明度与入口水目测一致时,判定管道冲洗合格。

5.在冲洗合格后,严格禁止再进行任何可能影响管内清洁的其他施工操作。

五、实训记录表

水喷雾灭火系统施工过程中的管道冲洗记录

工程名称										
施工单位					监理单位					
管道编号	设计参数				冲洗					
	管径 /mm	材质	介质	压力 /MPa	介质	压力 /MPa	流量 /(L·s⁻¹)	流速 /(m·s⁻¹)	冲洗时间或次数	结果
结论										
参加单位及人员	施工单位项目负责人: （签章） 年　月　日					监理工程师: （签章） 年　月　日				

【自我测评】

一、单选题

1.下列水喷雾灭火系统的喷头选型方案中,错误的是（　　　　）。

　　A.用于白酒厂酒缸灭火保护的水喷雾灭火系统,选用离心雾化型水雾喷头

　　B.用于液化石油气灌瓶间防护冷却的水喷雾灭火系统,选用撞击型水雾喷头

　　C.用于电缆沟电缆灭火保护的水喷雾灭火系统,选用撞击型水雾喷头

　　D.用于丙类液体固定顶储罐防护冷却的水喷雾灭火系统,选用离心雾化型水雾喷头

2.水喷雾灭火系统管道的工作压力不应大于（　　　）。

　　A.1.0 MPa　　　　　　　B.1.2 MPa　　　　　　C.1.4 MPa　　　　　　　　D.1.6 MPa

3.水雾喷头的有效射程是指（　　　　）

　　A.当喷头水平喷射时,水雾达到的最远点与喷头的距离

　　B.当喷头垂直喷射时,水雾达到的最远点与喷头的距离

　　C.喷头在设计压力下,水平喷射时水雾达到的最远点与喷头的距离

　　D.喷头在额定压力下,垂直喷射时水雾达到的最远点与喷头的距离

4.当保护对象为油浸式电力变压器时,水喷雾灭火系统的水雾喷头应布置在变压器周围,且应保证(　　)。

　　A.水雾直接喷射到变压器油箱上　　　B.水雾直接喷射到变压器散热器上
　　C.水雾直接喷射到变压器绝缘子上　　D.水雾直接喷射到变压器顶部

二、多选题

1.某一类高层办公楼的自备柴油发电机房,设置电动启动雨淋阀组的水喷雾灭火系统保护。当该系统的火灾探测装置动作后,打开雨淋报警阀组,压力开关动作,联锁启动消防水泵,水雾喷头喷水灭火。该系统采用的火灾探测装置应是(　　)。

　　A.气动传动管探测装置　　　　　　　B.液动传动管探测装置
　　C.感烟火灾探测装置　　　　　　　　D.感温火灾探测装置
　　E.闭式喷头驱动传动管探测装置

2.下列关于水喷雾灭火系统喷头选型的说法,正确的是(　　)。

　　A.扑救电气火灾应选用离心雾化型水雾喷头
　　B.腐蚀性环境应选用防腐型水雾喷头
　　C.粉尘场所应选用防尘型水雾喷头
　　D.扑救油库火灾应选用撞击型水雾喷头
　　E.保护甲类液体储罐应选用离心雾化型水雾喷头

3.水喷雾灭火系统的雨淋阀组应具备的功能有(　　)。

　　A.接通或关闭水喷雾灭火系统的供水
　　B.接收电控信号可电动开启雨淋阀
　　C.手动应急操作可开启雨淋阀
　　D.具有自锁装置
　　E.水力驱动控制雨淋阀的开启

4.影响水喷雾灭火效果的因素有(　　)。

　　A.水雾喷头的性能　　　　　　　　　B.喷水强度
　　C.水雾粒径　　　　　　　　　　　　D.保护对象的性质
　　E.环境温度

5.水喷雾灭火系统的水雾喷头常见的雾化角有(　　)。

　　A.45°　　　　　　B.60°　　　　　　C.90°　　　　　　D.120°　　　　　　E.150°

三、思考题

1.水喷雾灭火系统对喷头布置有哪些要求?
2.水喷雾灭火系统由哪些主要部件组成?

模块 4
细水雾灭火系统

项目4.1　细水雾灭火系统型式选择

【学习目标】

1. 了解细水雾灭火系统的灭火机理；
2. 熟悉细水雾灭火系统的分类与组成、系统的组件及其功能；
3. 掌握细水雾灭火系统的工作原理和适用范围；
4. 能够识别细水雾灭火系统的组件；
5. 能够在不同场景中正确选择细水雾灭火系统；
6. 能够按照规范要求对细水雾灭火系统进行月检。

【案例引入】

重庆山火扑救，这9个瞬间令人难忘！

2022年8月9日，重庆部分地区发生的山林火灾，牵动着全国人民的心。山上，救援人员昼夜鏖战。山下，众多市民积极响应，加入志愿者行列。前后方众志成城，汇聚起磅礴又温暖的力量。26日，重庆全市火场明火已被全部扑灭，但有些瞬间却将永远铭刻在记忆中。

（1）直面火海，四肢隔着衣物仍被熏黑

高强度的灭火战斗中，救援人员承受着高温天气和烈火的双重炙烤，四肢隔着衣物仍被熏黑。扑救工作暂时结束，大汗淋漓的消防员，脱掉帽子喝下解暑药。扎吸管时，双手止不住地颤抖。

(2)他们的睡姿太让人心疼

休息期间与山火搏斗了十几个小时的他们,和衣而卧,倒头就睡。有人睡在滚烫的地面上,有人睡在山林中。有人睡着时,手里的面包还没吃完。

(3)这些骑摩托的娃儿,立大功了

由于地势陡峭不便通行,救援物资难以运上山,许多年轻人骑着摩托车赶来帮忙。他们不分昼夜往返奔波,将水、食物、药品、救援工具,甚至工作人员搭载到现场。

"00后"的"龙麻子"就是其中一位,连续跑了一天一夜,累得睁不开眼睛,一身疲惫的他拿起一瓶矿泉水,从头上浇下,以让自己保持清醒。这一幕被同行的伙伴拍了下来,感动了许多人。"龙娃子"有两辆摩托车,新买的一辆由于超负荷运转坏掉了,他又换了另一辆继续"战斗",他说"重庆是我们的家,不能看着不管"。

(4)重庆人的"英雄气"

还有千千万万的人,自发地站了出来。当工作人员喊出,需要志愿者继续为救灾工作服务时,在场所有人都举起了手,"我是党员""我当过兵""我参加过抗震救灾"。

"在灾害面前,我不想当一个旁观者",这就是重庆人的"英雄气"!

(5)"最佳组合"

重庆北碚山火救援现场,帅气的摩托骑手与勇敢的消防员共同开进火场。云南森林消防指战员说"头一次这样上山救火!"

(6)"火焰蓝"和"橄榄绿"火场互相敬礼

经过几天几夜的艰苦奋战,重庆大足山火灭火作业迎来了胜利,并肩作战的消防员和武警战士在火场互相敬礼,这是"火焰蓝"和"橄榄绿"并肩作战的战友之间的敬意。

(7)微光筑起"防火长城"

25日晚,重庆北碚缙云山山火决战现场,红色是肆虐的山火,蓝色是抗击山火人群的头灯,他们筑起的是"防火长城",也是巍峨绵延的精神长城,"重庆,赢了!"

经各方救援力量奋力扑救,截至26日8时30分,重庆市森林火灾各处明火已被全部扑灭,无人员伤亡和重要设施损失。

(8)灭火英雄通宵战斗看到日出朝霞

26日,重庆缙云山迎来日出朝霞,在山上战斗了一夜的武警消防救援人员和志愿者欣赏到了绝美的日出朝霞。网友:云破日出,你们就是那道光!

(9)灭火英雄的车被重庆人"包围"了

8月26日,重庆当地群众自发相送千里驰援的灭火英雄们,夹道送别、硬核投喂、敬礼致意……

各处欢送现场锣鼓齐鸣,车队向前行进,不断有群众向消防救援人员的车里扔补给品,战士们摆手拒绝却难挡当地群众的热情,甚至不开车门都"走不了"。守护山城,感动全国,这就是顶天立地的热血英雄。

启示:有人说,检验一个国家、一个民族的力量,就是要在最危急的时刻,去看看这个国家、民族的人民怎么做。而毫无疑问,中国人在危难中表现出的动员、决心和意志力,是世界上很多国家都无法比拟的。这种火热的英雄气,是不畏艰险、敢于斗争——不信邪、不怕事,绝不轻言"躺平",亦不寄望于虚无缥缈的"诺亚方舟",而是充满斗志地去克服困难、赢得胜利;是心系故土、守卫家园——不问条件、不惜付出,不会背弃自己的家国乡土,哪里需要就去哪里，需要什么就做什么；是守望相助、同心同向——越是危急时刻越发团结，无数个"我"组成"我们"、无数个"小家"组成"大家"。

【知识精析】

细水雾灭火系统是由供水装置、过滤装置、控制阀、细水雾喷头等组件和供水管道组成，能自动和手动启动并喷放细水雾进行灭火或控火的固定灭火系统。

4.1.1 系统灭火机理

细水雾灭火系统的灭火机理与水雾有密切关系。本节主要介绍细水雾的定义、成雾原理和系统灭火机理。

1)细水雾的定义

细水雾是指在最小设计工作压力下，经喷头喷出并在喷头轴线下方1 m处的平面上形成的雾滴粒径$D_{v0.50}$小于200 μm、$D_{v0.99}$小于400 μm的水雾滴。

2)细水雾的成雾原理

(1)单流体系统射流成雾原理

液体以很快的速度被释放出来，由于液体与周围空气的速度差而被撕碎成细水雾；液体射流被冲击到一个固定的表面，由于冲击力将液体打散成细水雾；两股成分类似的液体射流相互碰撞，将液体射流打散成细水雾；超声波和静电雾化器将射流液体振动或电子粉碎成细水雾；液体在压力容器中被加热到高于沸点，突然被释放到大气压力状态而形成细水雾。

(2)双流体异管系统射流成雾原理

由一套管道向喷头提供灭火介质，另外一套管道提供雾化介质，在分离管道系统中传输的两种物质在喷头处混合后相互碰撞，从而产生细水雾。

3)细水雾的灭火机理

细水雾的灭火机理主要是表面冷却、窒息、辐射热阻隔和浸湿作用。除此之外，细水雾还具有乳化等作用。而在灭火过程中，几种作用往往会同时发生，从而有效灭火。

(1)吸热冷却

细小水滴受热后易于汽化，在气、液相态变化过程中，从燃烧物质表面或火灾区域吸收大量的热量，燃烧物质表面温度迅速下降后，会使热分解中断，燃烧随即终止。表4.1列出了雾滴直径、每升水的表面积、汽化时间和自由下落速度的关系。从表中可以看出，雾滴直径越小，表面积就越大，汽化所需时间就越短，吸热作用就越大，效率就越高。对于相同的水量，细水雾雾滴所形成的表面积至少比传统水喷淋喷头(包括水喷雾喷头)喷出的水滴所形成的表面积大100倍，因此细水雾灭火系统的冷却作用是非常明显的。

表4.1　雾滴直径、每升水的表面积、汽化时间和自由下落速度的关系

雾滴直径	每升水的表面积/m²	汽化时间/s	自由下落速度/(m·s⁻¹)
10	0.6	620	9.2
1	6	6.2	4
0.1	60	0.062	0.35
0.01	600	0.000 62	0.003

（2）隔氧窒息

雾滴受热后汽化形成体积为原体积1 680倍的水蒸气，最大限度地排斥火场空气，使燃烧物质周围的氧含量降低，燃烧会因缺氧而受到抑制或中断。系统启动后形成的水蒸气完全覆盖整个着火面的时间越短，窒息作用越明显。

（3）辐射热阻隔

细水雾喷入火场后，形成的水蒸气迅速将燃烧物、火焰和烟羽笼罩，对火焰辐射热具有极佳的阻隔能力，能够有效抑制热辐射引燃周围其他物品，达到防止火灾蔓延的效果。

（4）浸湿作用

颗粒大、冲量大的雾滴会冲击到燃烧物表面，从而使燃烧物得到浸湿，阻止其进一步挥发可燃气体。另外，系统喷出的细水雾还可以充分将着火位置以外的燃烧物浸湿，从而抑制火灾的蔓延和发展。

4.1.2　系统分类

细水雾灭火系统主要按工作压力、应用方式、动作方式、雾化介质和供水方式进行分类。

1）按工作压力分类

（1）低压系统

低压系统是指系统工作压力小于或等于1.21 MPa的细水雾灭火系统。

（2）中压系统

中压系统是指系统工作压力大于1.21 MPa且小于3.45 MPa的细水雾灭火系统。

（3）高压系统

高压系统是指系统工作压力大于或等于3.45 MPa的细水雾灭火系统。

2）按应用方式分类

（1）全淹没应用方式

全淹没应用方式是指向整个防护区内喷放细水雾，并持续一定时间，保护其内部所有保护对象的系统应用方式。全淹没应用方式适用于扑救相对封闭空间内的火灾。

（2）局部应用方式

局部应用方式是指直接向保护对象喷放细水雾，并持续一定时间，保护空间内某具体保护对象的系统应用方式。局部应用方式适用于扑救大空间内具体保护对象的火灾。

3）按动作方式分类

（1）开式系统

开式系统是指采用开式细水雾喷头的细水雾灭火系统,包括全淹没应用方式和局部应用方式。系统由火灾自动报警系统控制,自动开启分区控制阀和启动供水泵后,向开式细水雾喷头供水。

（2）闭式系统

闭式系统是指采用闭式细水雾喷头的细水雾灭火系统,又可以分为湿式、干式和预作用3种形式。

4）按雾化介质分类

（1）单流体系统

单流体系统是指使用单个管道向每个喷头供给灭火介质的细水雾灭火系统。

（2）双流体系统

双流体系统是指水和雾化介质分管供给并在喷头处混合的细水雾灭火系统。

5）按供水方式分类

（1）泵组式系统

泵组式系统是指采用泵组(或稳压装置)作为供水装置的细水雾灭火系统,适用于高、中和低压系统。

（2）瓶组式系统

瓶组式系统是指采用储水容器储水、储气容器进行加压供水的细水雾灭火系统,适用于中、高压系统。

（3）瓶组与泵组结合式系统

瓶组与泵组结合式系统是指既采用泵组又采用瓶组作为供水装置的细水雾灭火系统,适用于高、中和低压系统。

4.1.3 系统组成、工作原理与适用范围

细水雾灭火系统由水源(储水池、储水箱、储水瓶)、供水装置(泵组推动或瓶组推动)、系统管网、控制阀组、细水雾喷头以及火灾自动报警及联动控制系统组成。为保证系统中形成细水雾的部件正常工作,系统对水质要求较高。对于泵组系统,其供水的水质要符合国家现行标准《生活饮用水卫生标准》(GB 5749—2022)的有关规定;对于瓶组系统,其供水的水质不应低于《食品安全国家标准 包装饮用水》(GB 19298—2014)的有关规定,而且系统补水水源的水质应与系统的水质要求一致。

1)开式细水雾灭火系统

（1）系统组成

开式细水雾灭火系统包括全淹没应用方式和局部应用方式，是采用开式细水雾喷头，由配套的火灾自动报警系统自动联锁或远程控制、手动控制启动后，控制一组喷头同时喷水的自动细水雾灭火系统。系统组成如图4.1所示。

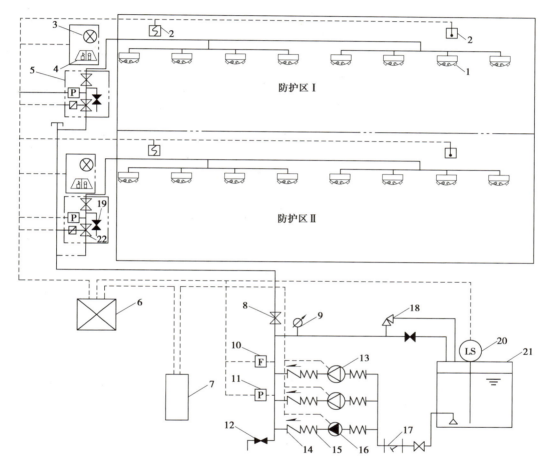

图4.1　开式细水雾灭火系统

1—开式细水雾喷头；2—火灾探测器；3—喷雾指示灯；4—火灾声光报警器；
5—分区控制阀组；6—火灾报警控制器；7—消防泵控制柜；8—控制阀（常开）；
9—压力表；10—水流传感器；11—压力开关；12—泄水阀（常闭）；13—消防水泵；14—止回阀；
15—柔性接头；16—稳压泵；17—过滤器；18—安全阀；19—泄放试验阀；20—液位传感器；
21—储水箱；22—分区控制阀（电磁/气动/电动阀）

由于供水装置不同，细水雾灭火系统的构成略有不同。泵组式系统由细水雾喷头、控制阀组、系统管网、泵组（消防水泵和稳压装置）、水源（储水池或储水箱）以及火灾自动报警及联动控制系统组成，如图4.2所示。瓶组式系统由细水雾喷头、控制阀、启动瓶、储水瓶组、瓶架、系统管网以及火灾自动报警及联动控制系统组成,如图4.3所示。

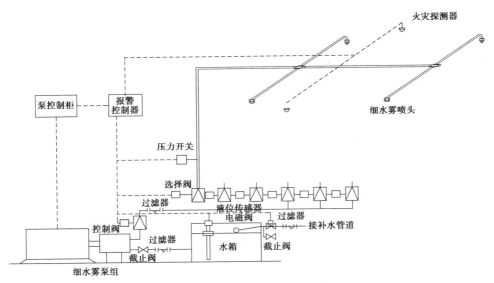

图4.2 泵组式细水雾灭火系统

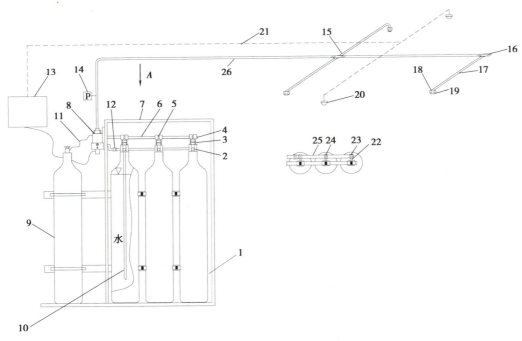

图4.3 瓶组式细水雾灭火系统

1—储水瓶;2—瓶接头体;3,22—管接头;4—管堵;5,16,24—三通;
6,17,25,26—不锈钢管;7—瓶组支架;8—分配阀;9—氮气瓶;10—虹吸管;11—软连接管
12—气体单向阀;13—报警控制器;14—压力开关;15—四通;18—短管;19—喷头;
20—探测器;21—探测线路;23—弯头

（2）工作原理

开式细水雾灭火系统工作原理如图4.4所示。

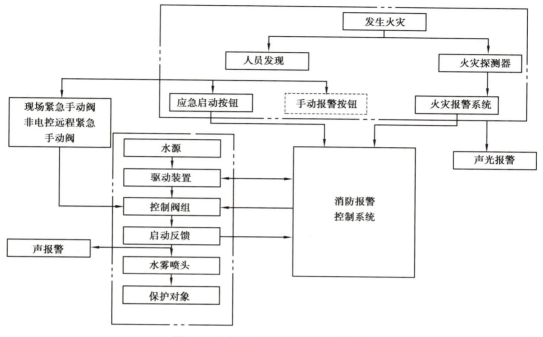

图4.4 开式细水雾灭火系统工作原理

采用自动控制方式时,火灾发生后,报警控制器收到两个独立的火灾报警信号,自动启动系统控制阀组和消防水泵,并向系统管网供水,水雾喷头喷出细水雾实施灭火。

2)闭式细水雾灭火系统

（1）系统组成

闭式细水雾灭火系统采用闭式细水雾喷头,系统组成如图4.5所示。根据使用场所的不同,闭式细水雾灭火系统又可分为湿式系统、干式系统和预作用系统3种形式。闭式细水雾灭火系统适用于采用非密集柜存储的图书库、资料库和档案库等保护对象。

（2）工作原理

除喷头不同外,闭式细水雾灭火系统的工作原理与闭式自动喷水灭火系统相同,有关闭式细水雾灭火系统的组成与工作原理参见本书模块2中的相关内容。

3)系统适用范围

（1）适用范围

细水雾灭火系统适用于扑救以下火灾:

①可燃固体火灾（A类）

细水雾灭火系统可以有效扑救相对封闭空间内的可燃固体表面火灾,包括纸张、木材、纺织品、塑料泡沫和橡胶等固体火灾。

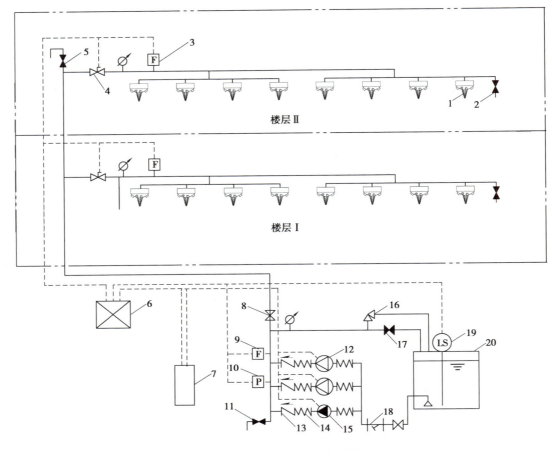

图4.5　闭式细水雾灭火系统

1—闭式细水雾喷头；2—末端试水阀；3—水流传感器；4—分区控制阀（常开，反馈阀门开启信号）；
5—排气阀（常闭）；6—火灾报警控制器；7—消防泵控制柜；8—控制阀（常开）；9—水流传感器；
10—压力开关；11—泄水阀（常闭）；12—消防水泵；13—止回阀；14—柔性接头；15—稳压泵；
16—安全阀；17—泄放试验阀；18—过滤器；19—液位传感器；20—储水箱

②可燃液体火灾（B类）

细水雾灭火系统可以有效扑救相对封闭空间内的可燃液体火灾，包括正庚烷或汽油等低闪点可燃液体和润滑油、液压油等中或者高闪点可燃液体火灾。

③电气火灾（E类）

细水雾灭火系统可以有效扑救电气火灾，包括电缆、控制柜等电子电气设备火灾和变压器火灾等。

（2）不适用范围

①遇水能发生剧烈反应或产生大量有害物质的活泼金属及化合物火灾

细水雾灭火系统不适用于遇水能发生剧烈反应或产生大量有害物质的活泼金属及其化合物火灾。

②可燃气体火灾

细水雾灭火系统不适用于可燃气体火灾,包括液化天然气等低温液化气体的火灾。

③可燃固体深位火灾

细水雾灭火系统不适用于可燃固体的深位火灾。

【技能提升】

细水雾灭火系统月检

一、实训任务

本任务是对细水雾灭火系统进行的一次月度全面检查。通过完成该任务,掌握细水雾灭火系统月检的流程、方法和判定标准,从而确保系统处于完好有效状态。

二、实训目的

1.能够正确检查系统组件外观,判断是否存在碰撞变形及其他机械性损伤;

2.能够正确测试分区控制阀的启闭动作,并确认其运行正常;

3.能够正确核对阀门铅封/锁链的完好性,并判断阀门是否处于设计规定位置;

4.能够正确测量并判定储水箱、储水容器的水位以及储气容器的气体压力是否符合设计要求;

5.能够对闭式系统利用试水阀进行动作信号反馈试验,并判断信号反馈装置动作及显示是否正常;

6.能够正确检查喷头外观以及备用数量是否满足规范要求;

7.能够正确检查手动操作装置保护罩、铅封等完整无损的情况。

三、实施条件

应准备一套已投入使用并符合《细水雾灭火系统技术规范》(GB 50898—2013)的闭式或开式细水雾灭火系统,以及数字压力表、超声波液位计、试水阀钥匙、铅封钳、手电筒、记录表等工具和个人防护用品。

四、操作指导

1.检查系统组件的外观,沿管网、储水瓶组、泵组、分区控制阀、支架、压力表及附件进行目视巡查,确认无碰撞变形、裂纹、锈蚀及其他机械性损伤,发现缺陷时拍照、贴签并记录。

2.测试分区控制阀的动作,需现场手动或电动操作各区控制阀,观察阀位指示器与消防控制室反馈信号是否一致,并记录阀门从全关到全开及反向全关时间,复位后确认阀门处于"自动"位置。

3.核对阀门铅封或锁链,逐只检查铅封编号与台账是否对应,确认无缺失、断裂,同时确认常开或常闭阀处于设计规定位置并挂牌,对破损或编号不符的阀门重新施封。

4.测量储水箱、储水容器水位及储气容器气体压力时,应使用超声波液位计或就地液位标尺进行测量水位应处于设计有效容积的90%~100%范围内;用数字压力表测量储气容器氮气压力,应符合设计值±0.05 MPa,记录并与上次数据进行比对。

5.在闭式系统中进行动作信号反馈试验,需要打开末端试水阀,观察水流指示器、压力开关是否在30 s内动作,消防控制室是否收到正确的报警和反馈信号,并关闭试水阀后复位系统,确认信号消失。

6.检查喷头外观及备用数量,每个防护区抽检不少于10%且不少于5只,确认无磕碰、堵塞、涂层剥落,核对备用喷头型号、规格、数量大于等于设计数量的1%且不少于10只,缺陷喷头贴签、拍照并更换。

7.检查手动操作装置,确认手动启动/停止按钮、紧急机械启动装置的保护罩、铅封完整无损,保护罩应能顺利开启无卡阻,发现铅封缺失或破损立即重新施封并记录。

五、实训记录表

细水雾灭火系统在定期检查和试验后的维护管理记录

使用单位						
防护区/保护对象						
检查类别 (月检/季检/年检)	细水雾灭火系统月检					
检查日期	检查项目	检查、试验内容	结果	存在问题及处理情况	检查人 (签字)	负责人 (签字)
备注						

注:1.检查项目栏内应根据系统选择的具体设备进行填写。

　　2.结果栏内填写合格、部分合格、不合格。

【自我测评】

一、单选题

1. 当细水雾灭火系统按工作压力分类时,高压系统的压力范围是(　　)。

    A.P<1.2 MPa
    B.1.2 MPa≤P<3.5 MPa
    C.P≥3.5 MPa
    D.P≥10 MPa

2. 细水雾灭火系统的核心机理不包括(　　)。

    A.表面冷却　　　B.窒息灭火　　　C.辐射热阻隔　　　D.化学抑制

3. 下列场所中,不推荐使用细水雾灭火系统的是(　　)。

    A.数据中心
    B.档案库房
    C.易燃液体储罐
    D.燃煤锅炉房

4. 细水雾喷头的雾滴直径$D_{v0.99}$应满足(　　)。

    A. <100 μm　　　B. <200 μm　　　C. <400 μm　　　D. <600 μm

二、多选题

1. 细水雾灭火系统的分类依据包括(　　)。

    A.工作压力　　　B.雾滴粒径　　　C.应用方式　　　D.水源类型
    E.驱动方式

2. 高压细水雾系统的优势有(　　)。

    A.用水量少
    B.灭火速度快
    C.适用于电气火灾
    D.管道造价低
    E.对文物无损害

3. 下列系统组成中,属于关键组件的有(　　)。

    A.泵组　　　B.过滤器　　　C.喷头　　　D.控制阀
    E.水箱

4. 细水雾的灭火作用包括(　　)。

    A.吸热降温　　　B.稀释氧气　　　C.阻隔辐射　　　D.乳化燃油
    E.中和烟雾

5. 下列场景中,适用高压细水雾的是(　　)。

    A.变电站
    B.厨房油烟管道
    C.图书馆古籍库
    D.加油站
    E.化工厂反应釜

三、思考题

1. 简述细水雾灭火系统的3种分类方式及其典型参数。
2. 简述细水雾系统的工作原理。
3. 列举细水雾灭火系统的三大适用范围及限制条件。

项目4.2　细水雾灭火系统设计

【学习目标】

1.掌握细水雾灭火系统四类典型场所(液压站、油浸变压器室、图书档案库、厨房烹饪设备)对应的系统型式及选型依据;

2.掌握细水雾灭火系统喷头最低工作压力、闭式系统作用面积、全淹没开式单个防护区容积、系统响应时间、持续喷雾时间等关键定量设计指标;

3.能够根据场所的具体情况正确选择细水雾灭火系统的型式;

4.能够对闭式系统、全淹没开式系统、局部应用开式系统进行参数设计;

5.能够按照规范要求对细水雾灭火系统进行季度检查。

【案例引入】

2022年4月10日,青岛某生态园多能互补示范站储能集装箱内,调试人员误触消防水泵控制线路,导致高压细水雾系统在未确认火情的情况下瞬间喷放;大量<100 μm水雾积聚在磷酸铁锂电池簇顶部,电池正负极接线柱遇水短路,17:37出现明火并伴随连续爆燃。细水雾本应灭火,却因持续喷淋形成导电水膜,加速电池内部热失控,火势沿高压母线迅速蔓延至整舱。17:41现场人员拨打119,消防到场时已无法控制,整舱2.5 MW·h电池模组及配套PCS全部烧毁,直接经济损失约1.1亿元,园区供电中断12 h,所幸未造成人员伤亡。

启示:当高压水雾化作导电的暴雨时,2.5 MW·h的能量被瞬间点燃,火光映出的不是技术的无能,而是人心的缺口。调试者把按钮当玩具,设计者把短路当偶发,监管者把标准当档案。我们用最昂贵的系统,却输给了最廉价的侥幸心理——一次"应该不会出事"的假设,就让整座电站沦为燃烧的祭坛。

请记住:在储能舱里,任何一滴不该出现的水,都是落在火药上的火星;任何一次被忽视的调试,都是在给灾难写邀请函。真正的安全,不是写在图纸上的参数,而是写进每一次上电前的敬畏、每一次按钮前的确认、每一次签字时的颤抖。否则,下一次喷薄而出的,不只是火焰,还有整个行业对未来的信心。

【知识精析】

在综合分析细水雾灭火系统设置场所的火灾危险性及其火灾特点、设计防护目的、防护对象的特征和环境条件的基础上,合理选择系统类型,确定系统设计参数。

4.2.1　系统选型

系统的选型与设计,应综合分析保护对象的火灾危险性及其火灾特性、设计防火目标、保护对象的特征和环境条件以及喷头的喷雾特性等因素确定。

①下列场所宜选择全淹没应用方式的开式系统:液压站、配电室、电缆隧道、电缆夹层、电子信息系统机房、文物库,以及采用密集柜存储的图书库、资料库和档案库。

②下列场所宜选择局部应用方式的开式系统:油浸变压器、涡轮机房、柴油发电机房、润滑油站和燃油锅炉房、厨房内烹饪设备及其排烟罩和排烟管道部位。

③下列场所可选择闭式系统:采用非密集柜存储的图书库、资料库和档案库。

④下列场所宜采用泵组式系统:难以设置泵房或消防供电不能满足系统工作要求的场所,可选择瓶组系统,但闭式系统不应采用瓶组系统。

4.2.2　设计参数

细水雾灭火系统的基本设计参数应根据细水雾灭火系统的特性和防护区的具体情况确定。喷头的最低设计工作压力不应小于1.2 MPa。

1)闭式系统的设计参数

闭式系统的作用面积不宜小于140 m²,每套泵组所带喷头数量不应超过100只。系统的喷雾强度、喷头的布置间距和安装高度宜根据实体火灾模拟试验结果确定。当喷头的设计工作压力不小于10.0 MPa时,也可根据喷头的安装高度按表4.2确定系统的最小喷雾强度和喷头的布置间距;当喷头的设计工作压力小于10.0 MPa时,应经试验确定系统的最小喷雾强度、喷头的布置间距和安装高度。

表4.2　闭式系统的喷雾强度、喷头的布置间距和安装高度

应用场所	喷头的安装高度/m	系统的最小喷雾强度/[L·(min·m²)⁻¹]	喷头的布置间距/m
采用非密集柜存储的图书库、资料库和档案库	>3且≤5	3	>2且≤3
	≤3	2	

2)全淹没应用方式开式系统的设计参数

采用全淹没应用方式的开式系统,其喷雾强度、喷头的布置间距、安装高度和工作压力宜根据实体火灾模拟试验结果确定,也可根据喷头的安装高度按表4.3确定系统的最小喷雾强度和喷头的布置间距。当喷头的实际安装高度介于表4.3中规定的高度值之间时,系统的最小喷雾强度应取较高安装高度时的规定值。

3)全淹没应用方式开式系统的防护区容积

采用全淹没应用方式的开式系统,其单个防护区的容积,泵组系统不宜大于 3 000 m³,瓶组系统不宜超过 260 m³,且瓶组系统所保护的防护区不宜超过 3 个。当大于该容积时,宜将该防护区分成多个更小的防护区进行保护,并应符合下列规定:

①当各分区的火灾危险性相同或相近时,系统的设计参数可根据其中容积最大分区的参数确定;

②当各分区的火灾危险性存在较大差异时,系统的设计参数应分别按各自分区的参数确定;

③当应用条件与表 4.3 不相符合时,应经实体火灾模拟试验确定。

表 4.3　采用全淹没应用方式开式系统喷头的工作压力、安装高度、喷雾强度和喷头的布置间距

应用场所		喷头的工作压力/MPa	喷头的安装高度/m	系统的最小喷雾强度/[L·(min·m²)⁻¹]	喷头的最大布置间距/m
油浸变压器室、液压站、润滑油站、柴油发电机室、燃油锅炉房等		>1.2 且 ≤3.5	≤7.5	2	2.5
电缆隧道、电缆夹层			≤5	2	
文物库,以密集柜存储的图书库、资料库、档案库			≤3	0.9	
油浸变压器室、涡轮机房等		≥10	≤7.5	1.2	3
液压站、柴油发电机室、燃油锅炉房等			≤5	1	
电缆隧道、电缆夹层			>3 且≤5	2	
文物库,以密集柜存储的图书库、资料库、档案库			≤3	1	
电子信息系统机房、通信房间	主机工作空间		≤3	0.7	
	地板夹层		≤0.5	0.3	

4)局部应用方式开式系统的保护面积

采用局部应用方式的开式系统,其保护面积应按下列规定确定:

①对于外形规则的保护对象,应为该保护对象的外表面面积;

②对于外形不规则的保护对象,应为包容该保护对象的最小规则形体的外表面面积;

③对于可能发生可燃液体流淌火或喷射火的保护对象,除应符合上述要求外,还应包括可燃液体流淌火或喷射火可能影响到的区域的水平投影面积。

5）局部应用方式开式系统保护具有可燃液体火灾危险的场所时的设计参数

采用局部应用方式的开式系统，当保护存在可燃液体火灾的场所时，系统的设计参数应根据国家授权的认证检验机构认证检验时获得的试验数据确定，且不应超出试验限定的条件。

6）系统设计响应时间

开式系统的设计响应时间不应大于30 s。采用全淹没应用方式的瓶组式系统，当同一防护区内采用多组瓶组时，各瓶组必须能同时启动，其动作响应时差不应大于2 s。

7）系统持续喷雾时间

系统的设计持续喷雾时间应符合表4.4的规定。

表4.4　细水雾灭火系统的设计持续喷雾时间

保护对象	设计持续喷雾时间
油浸变压器室、柴油发电机房	不小于20 min
液压站、润滑油站	
燃油锅炉房、涡轮机房	
配电室、电气设备间、电缆夹层、电缆隧道	不小于30 min
电子信息系统机房、通信机房等电子机房	
图书库、资料库、档案库、文物库	
厨房烹饪设备、排烟罩、排烟管道	设计持续喷雾时间不小于15 s，设计冷却时间不小于15 min

注：对瓶组式系统，系统的设计持续喷雾时间可按其实体火灾模拟试验灭火时间的2倍确定，且不宜小于10 min。

8）实体模拟试验结果的应用

在工程应用中采用实体模拟试验结果时，应符合下列规定：
①系统设计喷雾强度不应小于试验所用的喷雾强度；
②喷头最低工作压力不应小于试验测得最不利点喷头的工作压力；
③喷头布置间距和安装高度分别不应大于试验时的喷头间距和安装高度；
④喷头的安装角度应与试验安装角度一致。

【技能提升】

细水雾灭火系统季度检查

一、实训任务

本任务是对细水雾灭火系统进行的一次季度检查与功能试验。通过完成该任务，掌握泵组系统放水试验、瓶组系统控制阀检测以及管道系统完好性检查的方法和判定标准。

二、实训目的

1. 能够正确通过泄放试验阀对泵组系统进行放水试验，并验证泵组启动、主备泵切换及报警联动功能；
2. 能够正确检查瓶组系统控制阀的动作性能，确认其处于正常状态；
3. 能够正确检查管道和支、吊架的松动情况，以及管道连接件是否存在变形、老化或裂纹等缺陷。

三、实施条件

要实施该项目，应准备一套已投入使用并符合现行国家标准的细水雾灭火系统（含泵组与瓶组两种形式）及相关泄放试验阀、压力表、计时器、扳手、反光镜、记录表等工具。

四、操作指导

1. 核对系统设计文件，确认泵组、瓶组、泄放试验阀、控制阀、管道及支吊架的型号、规格、数量和安装位置与设计一致。
2. 将泵组控制柜置于"自动"状态，开启泄放试验阀进行放水试验，观察泵组能否在设定时间内自动启动，记录启动时间；人为切断主泵电源，验证备用泵能否自动投入运行，主备泵切换时间应符合规范；同时检查火灾报警主机是否收到压力开关、流量开关等反馈信号，联动功能正常后关闭泄放试验阀并使系统复位。
3. 对瓶组系统，需要手动操作各分区控制阀，检查阀杆启闭是否灵活、阀位指示是否正确，并确认电磁阀/气动阀动作可靠；复位后，需要观察阀门是否处于设计规定状态并铅封完好。
4. 沿管道走向检查支、吊架是否松动、缺失或锈蚀，用扳手对主要连接件进行复紧；目视检查管道连接件、法兰、接头是否存在明显变形、老化、裂纹等缺陷，发现问题拍照、贴签并记录。

五、实训记录表

细水雾灭火系统在定期检查和试验后的维护管理记录

使用单位						
防护区/保护对象						
检查类别 （月检/季检/年检）	细水雾灭火系统季检					
检查日期	检查项目	检查、试验内容	结果	存在问题及处理情况	检查人 （签字）	负责人 （签字）
备注						

注：1.检查项目栏内应根据系统选择的具体设备进行填写。

2.在结果栏内填写合格、部分合格和不合格。

【自我测评】

一、单选题

1.细水雾灭火系统选型时，防护区容积超过 $5\,000$ m³时应优先采用（　　）。

　　A.低压系统　　　　　　　　　　B.中压系统

　　C.高压系统　　　　　　　　　　D.超高压系统

2.闭式系统喷头的公称动作温度应高于环境最高温度（　　）。

　　A.10 ℃　　　　　B.20 ℃　　　　　C.30 ℃　　　　　D.40 ℃

3.全淹没开式系统的设计喷雾强度不应低于（　　）。

　　A.0.5 L/(min·m²)　　　　　　　B.0.8 L/(min·m²)

　　C.1.0 L/(min·m²)　　　　　　　D.1.2 L/(min·m²)

4.局部应用开式系统保护可燃液体火灾时,设计喷雾强度不应低于(　　)。

A.1.5 L/(min·m²)　　　　　　　　B.2.0 L/(min·m²)

C.2.5 L/(min·m²)　　　　　　　　D.3.0 L/(min·m²)

5.系统设计响应时间不应超过(　　)。

A.15 s　　　　　　　　　　　　B.30 s

C.45 s　　　　　　　　　　　　D.60 s

6.持续喷雾时间用于电缆隧道时不应少于(　　)。

A.30 min　　　　　　　　　　　B.60 min

C.90 min　　　　　　　　　　　D.120 min

二、多选题

1.闭式系统的设计参数包括(　　)。

A.喷头工作压力　　　　　　　　B.喷头间距

C.系统启动时间　　　　　　　　D.管网流速

E.防护区湿度

2.全淹没开式系统的设计需考虑(　　)。

A.喷雾强度　　　　　　　　　　B.喷雾时间

C.防护区密封性　　　　　　　　D.喷头布置密度

E.水源水质

3.局部应用开式系统保护可燃液体时,需验证的参数包括(　　)。

A.液体沸点　　　　　　　　　　B.喷雾覆盖率

C.液体闪点　　　　　　　　　　D.灭火剂沉降率

E.环境风速

4.系统持续喷雾时间的影响因素有(　　)。

A.火灾类型　　　　　　　　　　B.防护区用途

C.系统压力　　　　　　　　　　D.喷头数量

E.水源容量

三、思考题

1.简述闭式系统喷头选型的核心参数和依据。

2.简述全淹没开式系统防护区容积的计算方法。

3.列举局部应用系统保护可燃液体时的三项关键设计参数。

4.分析系统设计响应时间超标的可能原因及改进措施。

项目4.3　细水雾灭火系统设置

【学习目标】

1.掌握细水雾灭火系统的六大核心组件；

2.掌握细水雾灭火系统各组件(供水装置、细水雾喷头、控制阀、过滤装置、试水阀、管网)的关键设置数据；

3.熟练掌握细水雾灭火系统各组件布置、维护间距、试验接口、标识等现行规范强制性条文；

4.编制组件进场验收、安装调试、年度维护检查表，包括过滤器清洗周期、试水阀放水试验记录、控制阀启闭试验记录；

5.能够根据保护对象的尺寸和环境条件，独立选择喷头型号并生成喷头布置图；

6.能够按照规范要求对细水雾灭火系统进行联动调试。

【案例引入】

2023年盛夏，深圳"两馆"——美术馆新馆与第二图书馆——在22.3 m高的地下智能立体书库里，第一次把国家级文保单位的防火安全交给中国人自己研制的高压细水雾系统。上海东方泵业为此量身定制:4台变频高压泵组，额定10 MPa，雾滴$D_{v0.99}$小于200 μm，像无形的"水幕长城"悬浮在书架之间；喷头按2.5 m网格布置，安装高度为5~7 m，单区容积控制在2 600 m³以内，恰好踩在规范的红线与极限之间。该系统与极早期吸气式探测器联动，响应时间为30 s，持续喷雾20 min，用水量仅为传统喷淋的5%。此外，水箱由40 m³缩至6 m³，泵组的占地面积不足6 m²。2023年6月，广东省消防救援总队在封闭空间内点燃模拟火:15 s探火、30 s灭火，古籍表面含水率增幅不足2%，无二次水渍。验收组给出结论:这是国内首次在超高大空间文化建筑中实现了高压细水雾"零误喷、零水损"落地，填补了公共文化设施大空间防火的技术空白，也为后续北京城市副中心图书馆、杭州之江文化中心提供了可复制、可推广的"深圳模板"。

启示:当200 μm的雾滴在10 MPa高压下化作无形之盾时，我们看到的不仅是水量的指数级压缩，更是科技对传统消防范式的颠覆。它将"灭火必用水海"改写为"精准雾幕即能守护文明"，并将"文化不可再生"转化为"风险可计算"。这场首例实践告诉我们，创新不是炫技，而是把看似对立的"灭火效率"与"文物安全"用算法、材料、流体力学重新耦合；它让工程师第一次拥有了"既扑火又护宝"的双重能力。面向未来，储能电站、超高层数据中心、航天器总装厂房都在等待新一代"可编程雾场"——那里的火焰更高温、那里的价值更脆弱。唯有持续迭代传感精度、泵组能效与雾滴谱控制，才能让"水"这一最古老的灭火介质，在数字时代继续承

担最前沿的守护使命。

请记住:真正的科技进步,不是让系统更复杂,而是让复杂的世界因我们而更简单、更安全、更文明。

【知识精析】

细水雾灭火系统主要由供水装置、细水雾喷头、控制阀、过滤装置、试水阀和管网等组件组成。本节主要介绍系统组件及设置要求。

4.3.1 供水装置

1)泵组供水装置

泵组系统的供水装置由储水箱、水泵、水泵控制柜(盘)和安全阀等部件组成。

(1)储水箱

系统的储水箱应采用密闭结构,并应采用不锈钢或其他能保证水质的材料制作,且应采取防尘、避光的技术措施。储水箱应设置保证自动补水的装置,并应设置液位显示装置,高低液位报警装置和溢流、透气、放空装置。

(2)水泵

泵组系统应设置独立的水泵。水泵应具有自动和手动启动功能以及巡检功能,当巡检中接到启动指令时,应能立即退出巡检,进入正常运行状态。系统的水泵应设置备用泵,其工作性能应与最大一台主泵相同,主、备用泵应具有自动切换功能,并应能手动操作停泵。水泵应采用自灌式引水或其他可靠的引水方式,泵的出水总管上应设置压力显示装置、安全阀和泄放试验阀。每台泵的出水口均应设置止回阀。当水泵采用柴油机作为动力时,应保证其能持续运行60 min。闭式系统的泵组系统应设置稳压泵,其流量不应大于系统中水力最不利点一只喷头的流量,工作压力应满足工作泵的启动要求。

(3)水泵控制柜(盘)

水泵控制柜(盘)应布置在干燥、通风的部位,以便于操作和检修,其防护等级不应低于IP54。

(4)安全阀

安全阀设置在水泵的出水总管上,其动作压力应为系统最大工作压力的1.15倍。

2)瓶组供水装置

瓶组系统的供水装置由储水容器、储气容器和压力显示装置等部件组成。储水容器、储气容器均应设置安全阀。使用多个储水容器和储气容器的瓶组系统,同一集流管下储水容器或储气容器的规格、充装量和充装压力应分别一致。储水量和储气量应根据保护对象的重要性、维护恢复时间等设置备用量。对于恢复时间超过48 h的瓶组系统,应按主用量的100%设置备用量。容器组的布置应便于检查、测试、重新灌装和维护,其操作面距墙或操作面之间的距离不宜小于0.8 m。

4.3.2 细水雾喷头

细水雾喷头是将水流进行雾化并实施喷雾灭火的重要部件。由于成雾原理不同,因此细水雾喷头的构造也不同,如7孔开式细水雾喷头由喷头体、微型喷嘴、芯体、滤网等8个零件构成。一定压力的水通过滤网进入喷头后,在压力作用下沿弹簧、喷嘴和喷嘴芯围成的螺旋空间产生高速旋转运动,水流到达喷头小孔后被完全击碎,沿喷嘴出口锥面射出,形成极微小的雾滴。

1)喷头的分类

(1)按动作方式分类

细水雾灭火系统的喷头按动作方式可以分为开式细水雾喷头和闭式细水雾喷头。

(2)按细水雾产生原理分类

细水雾灭火系统的喷头按细水雾产生原理可以分为撞击式细水雾喷头和离心式细水雾喷头。

(3)按开孔数量分类

细水雾灭火系统的喷头按开孔数量可以分为单孔细水雾喷头和多孔细水雾喷头。

(4)按材质分类

细水雾灭火系统的喷头按材质可以分为不锈钢细水雾喷头和黄铜细水雾喷头。

(5)按适用性分类

细水雾灭火系统的喷头按适用性可以分为通用喷头和专用喷头,如电缆类电气火灾专用喷头、可燃液体火灾专用喷头、可燃固体火灾专用喷头、计算机类电气火灾专用喷头等。

(6)按作用分类

细水雾灭火系统的喷头按所起作用可以分为灭火专用喷头、冷却防护喷头和水雾封堵喷头等。

2)喷头的选择

①对于环境条件易使喷头喷孔堵塞的场所,应选用具有相应防护措施且不影响细水雾喷放效果的喷头。

②对于电子信息系统机房的地板夹层,宜选择适用于低矮空间的喷头。

③对于闭式系统,应选择响应时间指数不大于$50(m \cdot s)^{0.5}$的喷头,其公称动作温度宜高于环境最高温度30 ℃,且同一防护区内应采用相同热敏性能的喷头。

3)喷头的布置要求

(1)闭式系统喷头布置要求

闭式系统的喷头布置应能保证细水雾喷放均匀,并完全覆盖保护区域;喷头与墙壁的距离不应大于喷头最大布置间距的1/2;喷头与其他遮挡物的距离应保证遮挡物不影响喷头正常喷放细水雾,当无法避免时,应采取补偿措施;喷头的感温组件与顶棚或梁底的距离不宜小于75 mm,且不宜大于150 mm。场所内设置吊顶时,喷头可贴临吊顶布置。

（2）开式系统喷头布置要求

①开式系统的喷头布置应能保证细水雾喷放均匀并完全覆盖保护区域。

②喷头与墙壁的距离不应大于喷头最大布置间距的1/2。

③喷头与其他遮挡物的距离应保证遮挡物不影响喷头正常喷放细水雾；当无法避免时，应采取补偿措施。

④对于电缆隧道或夹层，喷头宜布置在电缆隧道或夹层的上部，并应能使细水雾完全覆盖整个电缆或电缆桥架。

（3）局部应用方式的开式系统喷头布置要求

采用局部应用方式的开式系统，其喷头布置应能保证细水雾完全包络或覆盖保护对象或部位，喷头与保护对象的距离不宜小于0.5 m。用于保护室内油浸变压器时，变压器高度超过4 m的，喷头宜分层布置；冷却器距变压器本体超过0.7 m的，应在其间隙内增设喷头；喷头不应直接对准高压进线套管；变压器下方设置集油坑的，喷头布置应能使细水雾完全覆盖集油坑。

（4）喷头与无绝缘带电设备的间距

喷头与无绝缘带电设备的最小距离不应小于表4.5的规定。

表4.5 喷头与无绝缘带电设备的最小距离

带电设备额定电压等级 V/kV	最小距离/m
$110 < V \leqslant 220$	2.2
$35 < V \leqslant 110$	1.1
$V \leqslant 35$	0.5

（5）喷头备品

系统应按喷头的型号、规格储存备用喷头，其数量不宜小于相同型号、规格喷头实际设计使用总数的1%，且分别不应少于5只。

4.3.3 控制阀组

控制阀是细水雾灭火系统的重要组件，是执行火灾自动报警系统控制器启/停指令的重要部件。控制阀的设置应符合以下要求。

1）控制阀的选择

（1）雨淋阀

中、低压细水雾灭火系统的控制阀可以采用雨淋阀。但细水雾灭火系统中使用的雨淋阀的工作压力应满足系统工作的压力要求。

（2）分配阀

高压细水雾灭火系统的控制阀组通常采用分配阀，它类似于气体灭火系统中的选择阀，不仅具备选择阀的功能，而且具有启动系统和关闭系统的双重功能，还可采用电动阀和手动阀组合的方式完成控水阀组的功能。分配阀如图4.6所示。

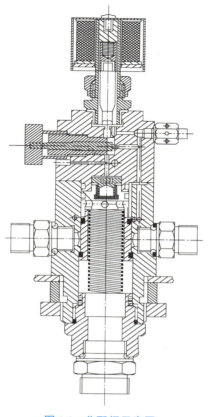

图 4.6　分配阀示意图

2)控制阀的设置

开式系统应按防护区设置分区控制阀,且宜在分区控制阀上或阀后邻近位置设置泄放试验阀。闭式系统应按楼层或防火分区设置分区控制阀,且应为带开关锁定或开关指示的阀组。分区控制阀宜靠近防护区设置,并应设置在防护区外便于操作、检查和维护的位置。

3)动作信号反馈装置

分区控制阀上宜设置系统动作信号反馈装置。当分区控制阀上无系统动作信号反馈装置时,应在分区控制阀后的配水干管上设置系统动作信号反馈装置。

4.3.4　过滤装置

过滤装置是细水雾灭火系统中重要的组件之一。过滤器的设置应符合下列要求:

①在储水箱进水口外以及出水口处或控制阀前应设置过滤器。系统控制阀组前的管道应就近设置过滤器;当细水雾喷头无滤网时,雨淋控制阀组后应设置过滤器;最大的过滤器过滤等级或目数应保证不大于喷头最小过流尺寸的80%。

②在每个细水雾喷头的供水侧应设一个喷头过滤网,对于喷口最小过流尺寸大于1.2 mm的多喷嘴喷头或喷口最小过流尺寸大于2 mm的单喷嘴喷头,可不设置喷头过滤网。

③管道过滤器的最小尺寸应根据系统的最大过流流量和工作压力确定。

④管道过滤器应具有防锈功能,并设在便于维护、更换的位置,且应设置旁通管,以便于清洗。

4.3.5 试水阀、泄水阀和排气阀

1)试水阀

细水雾灭火系统的闭式系统应在每个分区阀后管网的最不利点处设置试水阀,其设置要求同自动喷水灭火系统,并应符合下列规定:

①试水阀前应设置压力表。

②试水阀出口的流量系数应与一只喷头的流量系数等效。

③试水阀的接口大小应与管网末端的管道一致,测试水的排放不应对人员和设备等造成危害。

细水雾灭火系统的开式系统应在分区控制阀上或阀后邻近位置设置泄放试验阀。

2)泄水阀

细水雾灭火系统的管网最低点处应设置泄水阀,如果系统管网有多个最低点,则应根据管网情况设置多个泄水阀。

3)排气阀

细水雾灭火系统的闭式系统的最高点处宜设置手动排气阀,在系统管网充满水形成准工作状态时使用。

4.3.6 系统管网

细水雾灭火系统的管道应采用冷拔法制造的奥氏体不锈钢钢管或其他耐腐蚀和耐压性能相当的金属管道。

系统管道连接件的材质应与管道相同。系统管道宜采用专用接头或法兰连接,也可采用氩弧焊焊接。

系统管道和管道附件的公称压力不应小于系统的最大工作压力。对于泵组式系统,水泵吸水口至储水箱之间的管道、管道附件、阀门的公称压力不应小于1.0 MPa。

采用全淹没应用方式的开式系统,管网宜均衡布置。当油浸变压器作为保护对象时,系统管道不宜横跨变压器顶部,且不应影响设备的正常操作。

系统管道应采用防晃金属支架、吊架固定在建筑构件上,并应能承受管道充满水时的质量及冲击。系统管道支架、吊架的间距不应大于表4.6的规定。

表4.6　细水雾灭火系统管道支架、吊架的最大间距

管道外径/mm	≤16	20	24	28	32	40	48	60	≥76
最大间距/m	1.5	1.8	2	2.2	2.5	2.8	2.8	3.2	3.8

设置在有爆炸危险环境中的细水雾灭火系统,其管网和组件应采取可靠的静电导除措施。

【技能提升】

细水雾灭火系统联动试验

一、实训任务

本任务是对细水雾灭火系统进行的一次系统联动试验。通过实际或模拟喷放,检验系统火灾探测、分区控制阀、泵组/瓶组、信号反馈、警示灯及联动关断等功能是否满足设计要求,掌握系统联动试验方法与判定标准。

二、实训目的

1.能够对允许喷雾的防护区进行实际细水雾喷放试验,验证分区控制阀、泵组/瓶组能够及时动作并正确反馈信号;

2.能够对不允许喷雾的防护区进行模拟细水雾喷放试验,验证系统启动、信号反馈及警示灯动作;

3.能够对闭式系统利用试水阀进行模拟联动试验,验证泵组启动及信号反馈功能;

4.能够利用模拟火灾信号与火灾自动报警系统联动,实现报警、系统动作及可燃气体/液体供给源自动关断的功能。

三、实施条件

应准备一套已投入使用并符合现行国家标准《细水雾灭火系统技术规范》(GB 50898—2013)的开式或闭式细水雾灭火系统,具备火灾自动报警系统接口、分区控制阀、泵组/瓶组、泄放试验阀、试水阀、警示灯、可燃气体/液体紧急切断阀及相关测试仪器和工具。

四、操作指导

1.核对设计文件,确认各防护区的类型(允许/不允许喷雾)、喷头数量、分区控制阀、泵组/瓶组型号及联动逻辑。

2.对允许喷雾的防护区,将火灾报警控制器置于自动状态,触发该区内两只独立探测器或一只探测器加一只手动报警按钮的模拟火灾信号。同时,观察分区控制阀、泵组/瓶组是否在设定时间内动作,以及压力开关、水流指示器等信号反馈装置是否发出系统启动反馈信号,喷头是否喷出均匀细水雾,相应入口处警示灯是否同时点亮,以及全部动作完成后复位系统是否正确。

3.对不允许喷雾的防护区,需要手动开启该区的泄放试验阀,触发模拟火灾信号,确认泵组/瓶组启动、信号反馈装置报警、警示灯动作,然后关闭泄放试验阀并复位。

4.对闭式系统,打开末端试水阀模拟一只喷头动作,观察泵组是否自动启动、信号反馈装置是否发出启动信号,完成后关闭试水阀并复位。

5.将火灾报警控制器与细水雾灭火系统联动,触发模拟火灾信号,确认火灾报警装置发出声光报警,细水雾灭火系统启动,可燃气体或液体紧急切断阀自动关闭,相关设备停止运行;试验结束后恢复所有设备至正常状态。

五、实训记录表格

细水雾灭火系统联动试验记录表

工程名称			施工单位	
施工执行规范名称及编号			监理单位	
子分部工程名称		系统调试(联动试验)		
分项工程名称	本规范要求	施工单位 检查记录及评定		监理单位验收记录
联动试验	第4.4.6条			
	第4.4.7条第1款			
	第4.4.7条第2款			
	第4.4.7条第3款			
	第4.4.8条			
	第4.4.9条			
结论	施工单位项目负责人: (签章) 年 月 日		监理工程师: (签章) 年 月 日	

【自我测评】

一、单选题

1.在细水雾灭火系统泵组供水装置中,安全阀的动作压力应设置为系统最大工作压力的( )。

A.1.05倍　　　　　　B.1.15倍　　　　　　C.1.25倍　　　　　　D.1.35倍

2.闭式细水雾喷头的公称动作温度应高于环境最高温度( )。

A.20 ℃　　　　　　B.30 ℃　　　　　　C.40 ℃　　　　　　D.50 ℃

3.细水雾灭火系统过滤器的滤网孔径不应大于喷头最小喷孔孔径的( )。

A.1/2　　　　　　　B.1/3　　　　　　　C.1/4　　　　　　　D.1/5

4.细水雾灭火系统瓶组供水装置的备用量设置要求中,恢复时间超过(　　　)需按100%配置备用。

A.24 h　　　　　　　B.48 h　　　　　　　C.72 h　　　　　　　D.96 h

5.细水雾灭火系统控制阀组的机械应急操作装置应能在(　　　)内直接手动启动系统。

A.泵房　　　　　　　B.瓶组间　　　　　　C.消防控制室　　　　D.防护区入口

6.高压细水雾系统管网材质应优先选用(　　　)。

A.镀锌钢管　　　　　B.不锈钢管　　　　　C.铜管　　　　　　　D.PVC管

7.细水雾灭火系统试水阀的设置位置应在系统(　　　)。

A.最不利点喷头处　　　　　　　　B.水泵出水总管

C.区域阀箱下游　　　　　　　　　D.过滤器进口端

8.细水雾灭火系统喷头与墙壁的距离不应大于喷头最大布置间距的(　　　)。

A.1/2　　　　　　　B.1/3　　　　　　　C.1/4　　　　　　　D.2/3

二、多选题

1.细水雾灭火系统泵组供水装置的必备组件包括(　　　)。

A.储水箱　　　　　　B.主备用水泵　　　　C.安全阀　　　　　　D.气压稳压装置

E.泄放试验阀

2.细水雾喷头的选型需考虑(　　　)。

A.防护对象火灾类型　　　　　　　B.环境粉尘浓度

C.喷头材质耐腐蚀性　　　　　　　D.喷头安装高度

E.系统工作压力

3.细水雾灭火系统控制阀组的设置要求包含(　　　)。

A.明显启闭标志　　　　　　　　　B.机械应急操作功能

C.阀位状态反馈信号　　　　　　　D.防冻保温措施

E.压力显示装置

4.细水雾灭火系统过滤装置的设置位置应包括(　　　)。

A.水泵进水口　　　　　　　　　　B.区域阀组上游

C.喷头入口处　　　　　　　　　　D.水箱补水口

E.泄水阀下游

5.细水雾灭火系统泄水阀的功能要求涵盖(　　　)。

A.全管径排水　　　　　　　　　　B.手动/自动操作

C.防冻保护　　　　　　　　　　　D.废水回收接口

E.压力监测功能

三、思考题

1.简述细水雾灭火系统泵组供水装置中水泵控制柜的防护等级要求和理由。

2.分析细水雾灭火系统控制阀组机械应急操作的必要性和实施位置。

3.对比分析全淹没与局部应用系统管网布置的核心差异。

模块 **5**
泡沫灭火系统

项目5.1　泡沫灭火系统型式选择

【学习目标】

　　1.了解泡沫灭火系统的灭火机理；

　　2.熟悉泡沫灭火系统的分类和组成；

　　3.掌握泡沫灭火系统的工作原理和适用范围；

　　4.能够识别泡沫灭火系统的组件；

　　5.能够在不同场景中正确选择泡沫灭火系统；

　　6.能够进行泡沫灭火系统施工过程材料进场检验。

【案例引入】

泡沫灭火剂的发展历史

　　大约在汽车出现的时候,泡沫就被引入消防设备。它的出现是为了适应控制和扑灭比水轻且不溶于水的液体所引发火灾的需要,如为汽车添加的燃料。随着汽车数量的增加,燃料的社会储备量也随之增加,与此同时,包括挥发性有机液体(大部分是碳氢化合物)的火灾数量也不断上升。

　　早期的泡沫并不比肥皂泡沫先进。正是一位消防员看到浴缸里漂浮的肥皂泡沫,进而产生了使用泡沫灭火剂的想法。因此,第一个泡沫灭火器内充填了两种溶液,分别是含有小苏打(碳酸氢钠)的肥皂溶液和明矾溶液。当灭火器被倒置时,两种溶液会混合,这种混合液会产生大量的二氧化碳(CO_2)气体,从而推动泡沫溶液从灭火器中喷出。

确切地说,在应对由碳氢化合物造成的火灾中,"高倍数泡沫"是最有效的,这是一种可以购买到的清洗剂。另外,在一次损失惨重的海军航空母舰火灾之后开发出来的水成膜泡沫灭火剂也是一种非常有效的清理机械的清洁剂。

早期的泡沫更接近于"低倍数",它们呈现出半流质或"汤"状,这样,就可以在燃烧液体表面流动,并扑灭火灾。

随着美国逐渐进入化学时代,各种易燃挥发性液体的数量不断增加,人们在使用肥皂泡沫时发现,很多易燃挥发性液体会与肥皂泡沫起反应,使肥皂泡沫失效,而液体继续燃烧。同时,消防设备公司意识到:出售泡沫产品可以有很大的利润;做出更优质、更高效的多用途泡沫,就可能垄断市场。因为单纯地出售普通肥皂泡沫是相当困难的,所以需要试验许多不同的物质。因此,硬脂酸金属盐被添加到肥皂中。今天,我们仍然可以在消防设备展览上的各种专业泡沫材料中看到它们。

蛋白泡沫是最成功的,也是目前仍然被大量使用的实例之一。蛋白泡沫是一种蛋白质材料的"水解"产物,也是罐头工厂的废料,那些不能作为香肠原料的物质都被保存在大型容器中用来制作泡沫灭火剂。

经过一段时间,我们可以在滤液中加入一些丙二醇和少量甲醛以防止蛋白质腐化变质。用这样的方法生产的泡沫灭火剂扑灭碳氢化合物火灾是非常有效的。蛋白泡沫以其低廉的价格和实用性,已成为用来扑灭车辆火灾的主要方式。

启示:泡沫灭火剂的灵感源于一位消防员的细心观察。他在洗澡时,看到浴缸中漂浮的肥皂泡沫,突然想到:如果能将泡沫应用于灭火,是不是可以更高效地扑灭火灾？正是这一细心的观察,点燃了创新的火花,最终催生了现代泡沫灭火剂的诞生。这个故事告诉我们,观察是创新的起点,是解决问题的关键。无论是对自然现象的敏锐捕捉,还是对日常细节的深入思考,善于观察都能为我们打开通往成功的大门。

作为新时代大学生,观察力是重要的能力,也是责任感的具体体现。火灾隐患往往隐藏在细微之处,只有通过细致入微的观察,才能及时发现并消除隐患。观察力不仅是专业技能的体现,更是对社会安全负责的表现。

【知识精析】

泡沫灭火系统是通过机械作用将泡沫灭火剂、水与空气充分混合并产生泡沫实施灭火的灭火系统,具有安全可靠、经济实用、灭火效率高以及无毒性等优点。随着泡沫灭火技术的发展,泡沫灭火系统的应用领域更加广泛。

5.1.1 系统灭火机理

泡沫灭火系统的灭火机理主要体现在以下3个方面：

（1）隔氧窒息作用

在燃烧物表面形成泡沫覆盖层，使燃烧物表面与空气隔绝，同时泡沫受热蒸发产生的水蒸气可以降低燃烧物附近的氧气浓度，起窒息灭火作用。

（2）辐射热阻隔作用

泡沫层能阻止燃烧区的热量作用于燃烧物质的表面，因此可防止可燃物本身和附近可燃物质的蒸发。

（3）吸热冷却作用

泡沫析出的水可对燃烧物表面进行冷却。

水溶性液体火灾必须选用抗溶性泡沫液。扑救水溶性液体火灾应采用液上喷射泡沫或半液下喷射泡沫，不能采用液下喷射泡沫。对非水溶性液体火灾，当采用液上喷射泡沫灭火时，选用蛋白、氟蛋白、成膜氟蛋白或水成膜泡沫液均可；当采用液下喷射泡沫灭火时，必须选用氟蛋白、成膜氟蛋白或水成膜泡沫液。泡沫液的储存温度应为0~40 ℃。泡沫灭火系统灭火过程，如图5.1所示。

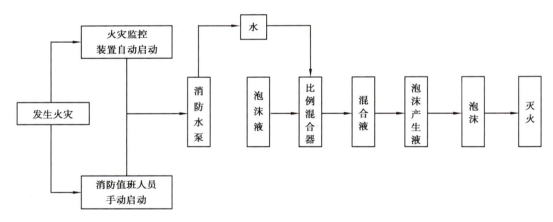

图5.1 泡沫灭火系统灭火过程图

5.1.2 系统的组成和分类

基于泡沫灭火系统的保护对象（储存或生产使用的甲、乙、丙类液体）的特性或储罐形式的特殊要求，其分类有多种形式，但其系统组成大致是相同的。

1）系统的组成

泡沫灭火系统一般由泡沫液储罐、泡沫消防泵、泡沫比例混合器（装置）、泡沫产生装置、火灾探测与启动控制装置、控制阀门及管道等系统组件组成。

2)系统的分类

（1）按喷射方式划分

①液上喷射系统

液上喷射系统是指泡沫从液面上喷入被保护储罐内的灭火系统,如图5.2和图5.3所示。与液下喷射灭火系统相比,这种系统泡沫具有不易受油的污染、可以使用廉价的普通蛋白泡沫等优点。它有固定式、半固定式、移动式3种应用形式。

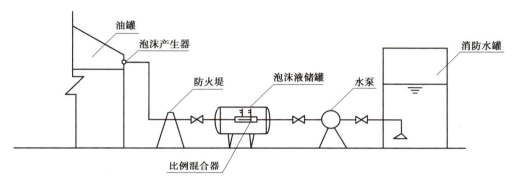

图5.2　固定式液上喷射泡沫灭火系统(压力式)

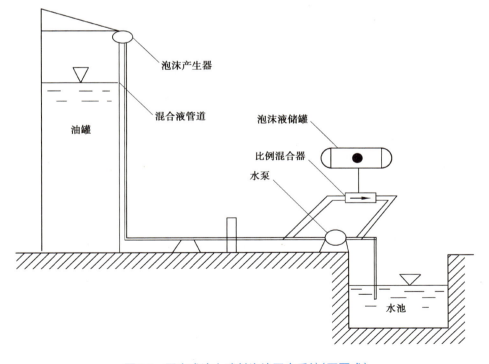

图5.3　固定式液上喷射泡沫灭火系统(环泵式)

②液下喷射系统

液下喷射系统是指泡沫从液面下喷入被保护储罐内的灭火系统。泡沫在注入液体燃烧层下部后,上升至液体表面并扩散开,形成一个泡沫层的灭火系统,如图5.4、图5.5所示。该系统通常设计为固定式和半固定式。

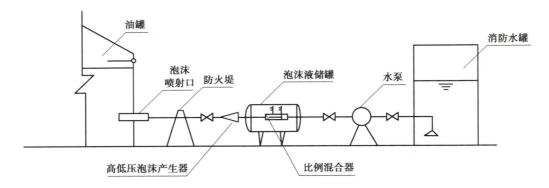

图5.4　固定式液下喷射泡沫灭火系统(压力式)

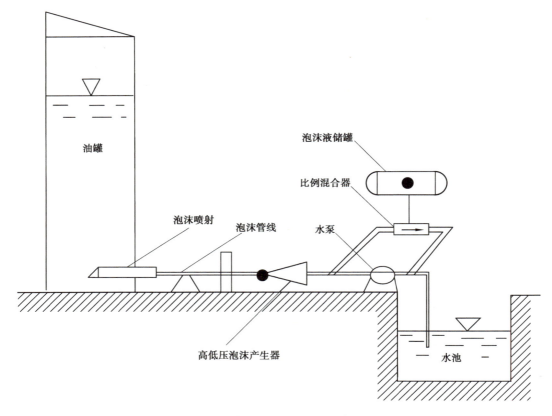

图5.5　固定式液下喷射泡沫灭火系统(环泵式)

③半液下喷射系统

半液下喷射系统是指泡沫从储罐底部注入,并通过软管浮升到液体燃料表面进行灭火的泡沫灭火系统,如图5.6所示。

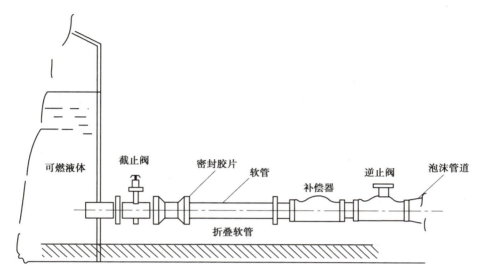

图5.6　半液下喷射泡沫灭火系统

(2)按系统结构划分

①固定式系统

固定式系统是指由固定的泡沫消防水泵或泡沫混合液泵、泡沫比例混合器(装置)、泡沫产生器(或喷头)和管道等组成的灭火系统。

②半固定式系统

半固定式系统是指由固定的泡沫产生器与部分连接管道,泡沫消防车或机动泵,用水带连接组成的灭火系统。

③移动式系统

移动式系统是指由消防车、机动消防泵或有水压源、泡沫比例混合器、泡沫枪或移动式泡沫产生器,用水带等连接组成的灭火系统。

(3)按发泡倍数划分

①低倍数泡沫灭火系统

低倍数泡沫灭火系统是指发泡倍数小于20的泡沫灭火系统。该系统是甲、乙、丙类液体储罐及石油化工装置区等场所的首选灭火系统。

②中倍数泡沫灭火系统

中倍数泡沫灭火系统是指发泡倍数为20~200的泡沫灭火系统。中倍数泡沫灭火系统在实际工程中应用得较少,且多用作辅助灭火设施。

③高倍数泡沫灭火系统

高倍数泡沫灭火系统是指发泡倍数大于200的泡沫灭火系统。

（4）按系统形式划分

①全淹没系统

由固定式泡沫产生器将泡沫喷放到封闭的或被围挡的保护区内，并在规定的时间内达到一定泡沫淹没深度的灭火系统。

②局部应用系统

由固定式泡沫产生器直接或通过导泡筒将泡沫喷放到火灾部位的灭火系统。

③移动系统

移动系统是指车载式或便携式系统，移动式高倍数灭火系统可作为固定系统的辅助设施，也可作为独立系统用于某些场所。移动式中倍数泡沫灭火系统适用于发生火灾部位难以接近的较小火灾场所、流淌面积不超过100 m²的液体流淌火灾场所。

④泡沫-水喷淋系统

由喷头、报警阀组、水流报警装置（水流指示器或压力开关）等组件，以及管道、泡沫液与水供给设施组成，并能在发生火灾时按预定时间与供给强度向防护区依次喷洒泡沫与水的自动喷水灭火系统。

⑤泡沫喷雾系统

采用泡沫喷雾喷头，在发生火灾时按预定时间与供给强度向被保护设备或防护区喷洒泡沫的自动灭火系统。

5.1.3　系统型式的选择

泡沫灭火系统主要适用于提炼，加工，生产甲、乙、丙类液体的炼油厂、化工厂、油田、油库，为铁路油槽车装卸油品的鹤管栈桥、码头、飞机库、机场及燃油锅炉房、大型汽车库等。在火灾危险性大的甲、乙、丙类液体储罐区和其他危险场所灭火优越性非常明显。泡沫灭火系统的选用，应符合《泡沫灭火系统技术标准》（GB 50151—2021）的相关规定。

1）系统选择基本要求

①甲、乙、丙类液体储罐区宜选用低倍数泡沫灭火系统。

②甲、乙、丙类液体储罐区固定式、半固定式或移动式泡沫灭火系统的选择应符合下列规定：低倍数泡沫灭火系统，应符合相关现行国家标准的规定；油罐中倍数泡沫灭火系统宜为固定式，应选用液上喷射系统。

③全淹没式、局部应用式和移动式中倍数、高倍数泡沫灭火系统的选择，应根据防护区的总体布局、火灾的危害程度、火灾的种类和扑救条件等因素，经综合技术经济比较后确定。

④储罐区泡沫灭火系统的选择应符合下列规定：非水溶性甲、乙、丙类液体固定顶储罐，可选用液上喷射、液下喷射或半液下喷射系统；水溶性甲、乙、丙类液体和其他对普通泡沫有

破坏作用的甲、乙、丙类液体固定顶储罐,应选用液上喷射或半液下喷射系统;外浮顶和内浮顶储罐应选用液上喷射系统;非水溶性液体外浮顶储罐、内浮顶储罐、直径大于 18 m 的固定顶储罐以及水溶性液体的立式储罐,不得选用泡沫炮作为主要灭火设施;高度大于 7 m 或直径大于 9 m 的固定顶储罐,不得选用泡沫枪作为主要灭火设施;油罐中倍数泡沫灭火系统应选用液上喷射系统。

2)系统适用场所

(1)全淹没式高倍数泡沫灭火系统可用于下列场所

①封闭空间场所。

②设有阻止泡沫流失的固定围墙或其他围挡设施的场所。

(2)全淹没式中倍数泡沫灭火系统可用于下列场所

①小型封闭空间场所。

②设有阻止泡沫流失的固定围墙或其他围挡设施的小型场所。

(3)局部应用式高倍数泡沫灭火系统可用于下列场所

①四周不完全封闭的 A 类火灾与 B 类火灾场所。

②天然气液化站与接收站的集液池或储罐围堰区。

(4)局部应用式中倍数泡沫灭火系统可用于下列场所

①四周不完全封闭的 A 类火灾场所。

②限定位置的流散 B 类火灾场所。

③固定位置面积不大于 100 m² 的流淌 B 类火灾场所。

(5)移动式高倍数泡沫灭火系统可用于下列场所

①发生火灾的部位难以确定或人员难以接近的火灾场所。

②流淌的 B 类火灾场所。

③发生火灾时需要排烟、降温或排除有害气体的封闭空间。

(6)移动式中倍数泡沫灭火系统可用于下列场所

①发生火灾的部位难以确定或人员难以接近的较小火灾场所。

②流散的 B 类火灾场所。

③面积不大于 100 m² 的流淌 B 类火灾场所。

(7)泡沫-水喷淋系统可用于下列场所

①具有非水溶性液体泄漏火灾危险的室内场所。

②存放量不超过 25 L/m² 或超过 25 L/m² 但有缓冲物的水溶性液体室内场所。

(8)泡沫喷雾系统可用于下列场所

①独立变电站的油浸电力变压器。

②面积不大于 200 m² 的非水溶性液体室内场所。

【技能提升】

泡沫灭火系统施工过程材料进场检验

一、实训任务

本任务是对泡沫灭火系统施工过程中进场的泡沫液、管材及管件等材料的材质、规格、型号、质量、外观、规格尺寸、壁厚及允许偏差等进行的检验。通过完成该任务,掌握泡沫灭火系统施工过程中材料进场的检验方法。

二、实训目的

1. 能够正确检查泡沫液的自愿性认证或检验的有效证明文件、产品出厂合格证,并按要求留存样品;

2. 能够正确检查管材及管件的材质、规格、型号、质量,确保其符合国家现行有关产品标准和设计要求;

3. 能够正确检验管材及管件的外观质量,判断其是否存在裂纹、缩孔等缺陷,以及螺纹表面、法兰密封面、垫片是否符合要求;

4. 能够正确测量管材及管件的规格尺寸、壁厚及允许偏差,判断是否符合产品标准和设计要求。

三、实施条件

要实施本项目,需准备泡沫灭火系统施工所需的各类进场材料,包括泡沫液、管材及管件等,并配备相应的检验工具,如出厂检验报告、合格证、钢尺、游标卡尺等。

四、操作指导

1. 泡沫液进场检验

首先检查泡沫液的自愿性认证或检验的有效证明文件、产品出厂合格证,确认其符合要求后取样留存。检查数量按全项检测需要量计算,检查方法为观察检查和核对文件。

2. 管材及管件的材质、规格、型号、质量检验

检查管材及管件的材质、规格、型号、质量是否符合国家现行有关产品标准和设计要求。检查数量为全数检查,检查方法为查看出厂检验报告和合格证。

3. 管材及管件的外观质量检验

除符合产品标准外,还需满足以下要求:①表面无裂纹、缩孔、夹渣、折叠、重皮及不超

过壁厚负偏差的锈蚀或凹陷;②螺纹表面完整无损伤,法兰密封面平整光洁,无毛刺及径向沟槽;③垫片无老化变质或分层,表面无褶皱。检查数量为全数检查,检查方法为直观检查。

4.管材及管件的规格尺寸及壁厚检验

检查管材及管件的规格尺寸、壁厚以及允许偏差是否符合产品标准和设计要求。检查数量为每一规格、型号的产品按件数抽查20%,且不得少于1件,检查方法为用钢尺和游标卡尺测量。

五、实训记录表

泡沫灭火系统施工过程材料进场检验记录表

工程名称			
施工单位		监理单位	
子分部工程名称	进场检验	施工执行标准名称及编号	
分项工程名称	质量规定(规范条款)	施工单位检查记录	监理单位检查记录
材料进场检验	9.2.4		
	9.2.5		
	9.2.6		
	9.2.7		
结论	施工单位项目负责人: (签章) 年　月　日	监理工程师: (签章) 年　月　日	

【自我测评】

一、单项选择题

1.泡沫灭火系统按照系统结构可分为固定泡沫灭火系统、半固定泡沫灭火系统和移动泡沫灭火系统。半固定灭火系统是指(　　　)。

A.采用泡沫枪、固定泡沫设施和固定消防水泵供应泡沫混合液的灭火系统

B.泡沫产生器与部分连接管道连接,固定消防水泵供应泡沫混合液的灭火系统

  C.泡沫产生器和部分连接管道固定,采用泡沫消防车或机动消防泵,用水带供应泡沫
   混合液的灭火系统

  D.采用泡沫枪,泡沫液由消防车供应,水由固定消防水泵供应的灭火系统

 2.某石油库储罐区共有14个储存原油的外浮顶储罐,单罐容量均为100 000 m³,该储罐区
应选用的泡沫灭火系统是( )。

  A.液上喷射中倍数泡沫灭火系统

  B.液下喷射低倍数泡沫灭火系统

  C.液上喷射低倍数泡沫灭火系统

  D.液下喷射中倍数泡沫灭火系统

 3.低倍数泡沫灭火系统是指发泡倍数小于( )的泡沫灭火系统。

  A.20   B.30

  C.50   D.100

 4.高倍数泡沫灭火系统主要用于扑救( )。

  A.液化石油气泄漏火灾

  B.封闭空间内的固体深位火灾

  C.硝化纤维火灾

  D.水溶性液体流淌火灾

 5.下列关于泡沫灭火系统发泡倍数的分类,正确的是( )。

  A.低倍数泡沫:发泡倍数≤20

  B.中倍数泡沫:发泡倍数20~200

  C.高倍数泡沫:发泡倍数≥200

  D.超高倍数泡沫:发泡倍数≥1 000

 6.水成膜泡沫液的主要灭火机理是( )。

  A.隔绝氧气

  B.冷却与隔离

  C.降低燃烧物表面张力

  D.化学抑制

二、简答题

 1.简述泡沫灭火系统的灭火机理。

 2.简述泡沫灭火系统的工作原理。

项目 5.2　泡沫灭火系统设计

【学习目标】

1. 掌握不同类型泡沫灭火系统（低倍数、高倍数和中倍数，泡沫-水喷淋和泡沫喷雾系统）的基本设计要求；

2. 熟悉各类储罐（固定顶、外浮顶、内浮顶储罐等）在泡沫灭火系统设计中的具体规范；

3. 掌握泡沫灭火系统相关的标准规范依据，以及不同应用场景下系统的设计差异；

4. 能够根据保护对象的类型和相关规范，正确确定泡沫灭火系统的类型及基本设计参数；

5. 能够按照规范要求进行泡沫灭火系统消防泵安装质量检查。

【案例引入】

"扬帆起航"引领消防新篇章，我国泡沫灭火系统国际标准预研项目成功获批

2024 年 10 月，我国在消防国际标准化领域取得了重大突破——首次提出的泡沫灭火系统设计、安装与维护国际标准提案，经过国际标准化组织干粉和泡沫灭火剂及灭火系统分技术委员会（ISO/TC 21/SC 6）的评审与投票，成功获批并正式列为 ISO 国际标准预研项目（ISO/PWI 7076-7），标志着我国在泡沫灭火系统领域的国际标准制定上迈出了坚实的一步。

在此次提案的推进过程中，我国作为 ISO/TC 21/SC 6 的秘书处承担单位，充分发挥了协调与引领作用。

2024 年 9 月，在英国伦敦召开的 ISO/TC 21/SC 6 会议上，应急管理部天津消防研究所专家代表中国提出项目提案并接受质询，会议中初步达成了项目意向。按照 ISO 导则要求，提案在经过委员会投票通过后于 2024 年 10 月 7 日顺利注册成功，并由应急管理部天津消防研究所专家担任项目组长。

启示：我国泡沫灭火系统国际标准预研项目成功获批，离不开应急管理部天津消防研究所专家在国际标准化组织会议上的积极作为：从在伦敦会议上清晰阐述提案要点，到从容回应各国专家质询，最终推动项目顺利注册。而我国专家能在国际舞台推动标准制定，更是长期深耕泡沫灭火系统技术、积累扎实专业功底的结果：没有对泡沫灭火系统设计、安装与维护的透彻研究，没有对国内外技术差异的精准把握，就难以提出具有说服力的国际标准提案。

作为消防专业的学生，我们必须筑牢消防基础，不仅要掌握各类灭火系统的原理、操作规范，更要深入研究技术细节，让专业知识成为支撑我们前行的底气。

【知识精析】

泡沫灭火系统的设计要求应根据保护对象的设置形式、储存物质的属性以及泡沫灭火系统类型的不同,以《泡沫灭火系统技术标准》(GB 50151—2021)等规范和标准为依据,确定设计基本参数。

5.2.1 低倍数泡沫灭火系统

1)基本要求

储罐区泡沫灭火系统扑救一次火灾的泡沫混合液设计用量,应按罐内用量、该罐辅助泡沫枪用量、管道剩余量三者之和最大的储罐确定。设置固定式泡沫灭火系统的储罐区,应配置用于扑救液体流散火灾的辅助泡沫枪,泡沫枪的数量及其泡沫混合液连续供给时间应符合《泡沫灭火系统技术标准》(GB 50151—2021)的相关规定,每支辅助泡沫枪的泡沫混合液流量不应小于 240 L/min。

采用固定式泡沫灭火系统的储罐区,宜沿防火堤外均匀布置泡沫消火栓,且泡沫消火栓的间距不应大于 60 m。泡沫消火栓的功能是连接泡沫枪扑救储罐区防火堤内的流散火灾。

当储罐区固定式泡沫灭火系统的泡沫混合液流量大于或等于 100 L/s 时,系统的泵、比例混合装置及其管道上的控制阀、干管控制阀宜具备远程控制功能。

储罐区固定式泡沫灭火系统应具备半固定式系统功能。具备半固定式系统功能的固定式泡沫灭火系统,可使灭火时多一种战术选择。

为了使系统及时灭火,固定式泡沫灭火系统的设计应满足在泡沫消防水泵或泡沫混合液泵启动后,将泡沫混合液或泡沫输送到保护对象的时间不应大于 5 min。

2)固定顶储罐

固定顶储罐的保护面积应按储罐横截面面积计算。泡沫混合液供给强度和连续供给时间应符合下列规定:

①非水溶性液体储罐液上喷射泡沫灭火系统,其泡沫混合液供给强度和连续供给时间不应小于表 5.1 的规定。

表 5.1 泡沫混合液供给强度和连续供给时间

系统形式	泡沫液种类	供给强度 /[L·(min·m²)⁻¹]	连续供给时间/min	
			甲、乙类液体	丙类液体
固定式、半固定式系统	蛋白	6	40	30
	氟蛋白、水成膜、成膜氟蛋白	5	45	30

续表

系统形式	泡沫液种类	供给强度/[L/(min·m²)⁻¹]	连续供给时间/min	
			甲、乙类液体	丙类液体
移动式系统	蛋白、氟蛋白	8	60	45
	水成膜、成膜氟蛋白	6.5	60	45

注:①如果采用大于本表规定的混合液供给强度,混合液连续供给时间可按相应的比例缩短,但不得小于本表规定时间的80%;

②沸点低于45 ℃的非水溶性液体,设置泡沫灭火系统的适用性及其泡沫混合液供给强度应由试验确定。

②非水溶性液体储罐液下或半液下喷射系统,其泡沫混合液供给强度不宜小于 5.0 L/(min·m²),连续供给时间不应小于 40 min。

③水溶性液体和其他对普通泡沫有破坏作用的甲、乙、丙类液体储罐液上或半液下喷射系统,其泡沫混合液供给强度和连续供给时间不应小于表 5.2 的规定。

表5.2　泡沫混合液供给强度和连续供给时间

液体类别	供给强度/[L·(min·m²)⁻¹]	连续供给时间/min
丙酮、异丙醇、甲基异丁酮	12	30
甲醇、乙醇、正丁醇、丁酮、丙烯腈、醋酸乙酯、醋酸丁酯	12	25
含氧添加剂含量体积比大于10%的汽油	6	40

注:本表未列出的水溶性液体,其泡沫混合液供给强度和连续供给时间由试验确定。

液上喷射系统泡沫产生器的型号和数量应根据所需的泡沫混合液流量确定,且设置数量不小于《泡沫灭火系统技术标准》(GB 50151—2021)的规定。当一个储罐所需的泡沫产生器数量大于1个时,宜选用同规格的泡沫产生器,且应沿罐周均匀布置;水溶性液体储罐应设置泡沫缓冲装置。

3)外浮顶储罐

钢制单盘式与双盘式外浮顶储罐的保护面积,应按罐壁与泡沫堰板间的环形面积确定。非水溶性液体的泡沫混合液供给强度不应小于 12.5 L/(min·m²),连续供给时间不应小于 30 min。

外浮顶储罐泡沫堰板的设计应符合下列规定:

①泡沫堰板应高出密封圈 0.2 m。

②泡沫堰板与罐壁的间距不应小于 0.9 m。

③应在泡沫堰板的最低部位设置排水孔,排水孔的开孔面积宜按每 1 m² 环形面积 280 mm² 确定,排水孔高度不宜大于 9 mm。

外浮顶储罐泡沫产生器的型号和数量应按泡沫混合液供给强度、连续供给时间及单个泡沫产生器的最大保护周长经计算确定。当泡沫喷射口设置在罐壁顶部时,应配置泡沫导流罩。

对直径不大于45 m的外浮顶储罐,需要在储罐梯子平台上设置带闷盖的管牙接口;直径大于45 m的外浮顶储罐,需要在储罐梯子平台上设置二分水器;管牙接口或二分水器应由管道接至防火堤外,且管道管径应满足所配泡沫枪的压力、流量的要求。

4)内浮顶储罐

钢制单盘式、双盘式与敞口隔舱式内浮顶储罐的保护面积,应按罐壁与泡沫堰板间的环形面积确定;其他内浮顶储罐应按固定顶储罐对待。

钢制单盘式、双盘式与敞口隔舱式内浮顶储罐的泡沫堰板与罐壁的距离不应小于0.55 m,其高度不应小于0.5 m;单个泡沫产生器保护周长不应大于24 m;非水溶性液体的泡沫混合液供给强度不应小于12.5 L/(min·m²),水溶性液体的泡沫混合液供给强度不应小于表5.2规定的1.5倍;泡沫混合液连续供给时间不应小于30 min。

按固定顶储罐对待的内浮顶储罐,对于非水溶性液体,其泡沫混合液供给强度和连续供给时间不应小于表5.1的规定;对于水溶性液体,当设有泡沫缓冲装置时,其泡沫混合液供给强度和连续供给时间不应小于表5.2的规定;当未设置泡沫缓冲装置时,泡沫混合液供给强度不应小于表5.2的规定,但泡沫混合液连续供给时间不应小于表5.2规定的1.5倍。

5)其他场所

当甲、乙、丙类液体槽车装卸栈台设置泡沫炮或泡沫枪系统时,应符合下列规定:应能保护泵、计量仪器、车辆及与装卸产品有关的各种设备,火车装卸栈台的泡沫混合液量不应小于30 L/s,汽车装卸栈台泡沫混合液量不应小于8 L/s,泡沫混合液连续供给时间不应小于30 min。

当保护设有围堰的非水溶性液体流淌火灾场所时,其保护面积应按围堰包围的地面面积与其中不燃结构占据的面积之差计算,其泡沫混合液供给强度和连续供给时间不应小于表5.3的规定。

表5.3　泡沫混合液供给强度和连续供给时间

泡沫液种类	供给强度 /[L·(min·m²)⁻¹]	连续供给时间/min	
		甲、乙类液体	丙类液体
蛋白、氟蛋白	6.5	40	30
水成膜、成膜氟蛋白	6.5	30	20

当甲、乙、丙类液体泄漏导致的室外流淌火灾场所设置泡沫枪、泡沫炮系统时,应根据保护场所的具体情况确定最大流淌面积,其泡沫混合液供给强度和连续供给时间不应小于表5.4的规定。

表 5.4　泡沫混合液供给强度和连续供给时间

泡沫液种类	供给强度 /[L·(min·m²)⁻¹]	连续供给时间/min	液体种类
蛋白、氟蛋白	6.5	15	非水溶性液体
水成膜、成膜氟蛋白	5	15	
抗溶泡沫	12	15	水溶性液体

5.2.2　高倍数、中倍数泡沫灭火系统

1)全淹没系统

全淹没系统由固定的泡沫产生器、比例混合装置、固定泡沫液与水供给管路、水泵及其相关设备或组件组成。

①全淹没系统的防护区应是封闭的或设置灭火所需的固定围挡的区域,且应符合下列规定:

a.泡沫的围挡应为不燃结构,且应在系统设计灭火时间内具备围挡泡沫的能力。

b.在充分考虑人员撤离的前提下,门、窗等位于设计淹没深度以下的开口,应在泡沫喷放前关闭或同时关闭。

c.对于不能自动关闭的开口,全淹没系统应对其泡沫损失进行相应补偿。

d.在泡沫淹没深度以下的墙上设置窗口时,宜在窗口部位设置网孔基本尺寸不大于3.15 mm 的钢丝网或钢丝纱窗。

e.防护区外部空气发泡的封闭空间应设置排气口,排气口的位置应避免燃烧产物或其他有害气物回流到高倍数泡沫产生器进气口。排气口在灭火系统工作时应自动或手动开启,其排气速度不宜超过 5 m/s。

f.防护区内应设置排水设施。

②高倍数泡沫淹没深度的确定应符合下列规定:

a.当用于扑救 A 类火灾时,泡沫淹没深度不应小于最高保护对象高度的 1.1 倍,且应高于最高保护对象最高点以上 0.6 m。

b.当用于扑救 B 类火灾时,汽油、煤油、柴油或苯类火灾的泡沫淹没深度应高于起火部位2 m;其他 B 类火灾的泡沫淹没深度应由试验确定。

高倍数泡沫的淹没时间不宜超过表 5.5 的规定。系统自接到火灾信号至开始喷放泡沫的延时不应超过 1 min;当超过 1 min 时,应从表 5.5 的规定中扣除超出时间。

当高倍数泡沫系统用于扑救 A 类火灾时,泡沫液和水的连续供给时间不应小于 25 min;当用于扑救 B 类火灾时,泡沫液和水的连续供给时间不应小于 15 min。

表5.5　泡沫的淹没时间

可燃物	高倍数泡沫灭火系统	高倍数泡沫灭火系统与自动喷水灭火系统联合使用
闪点不超过40 ℃的非水溶性液体	2	3
闪点超过40 ℃的非水溶性液体	3	4
发泡橡胶、发泡塑料、成卷的织物或皱纹纸等低密度可燃物	3	4
成卷的纸、压制牛皮纸、涂料纸、纸板箱、纤维圆筒、橡胶轮胎等高密度可燃物	5	7

注:水溶性液体的淹没时间应由试验确定。

A类火灾单独使用高倍数泡沫灭火系统时,淹没体积的保持时间应大于60 min;高倍数泡沫灭火系统与自动喷水灭火系统联合使用时,淹没体积的保持时间应大于30 min。

2)局部应用系统

①局部应用系统的保护范围应包括火灾蔓延的所有区域;对于多层或三维立体火灾,应提供适宜的泡沫封堵设施;对于室外场所,应考虑风等气候因素的影响。高倍数泡沫的供给速率应按下列要求确定:

a.达到规定覆盖厚度的时间不应大于2 min。

b.淹没或覆盖A类火灾保护对象最高点的厚度不应小于0.6 m。

c.对汽油、煤油、柴油或苯,覆盖起火部位的厚度不应小于2 m。

d.其他B类火灾的泡沫覆盖深度应由试验确定。

当高倍数泡沫灭火系统用于扑救A类和B类火灾时,其泡沫连续供给时间不应小于12 min。

②当高倍数泡沫灭火系统设置在液化天然气集液池或储罐围堰区时,应符合下列规定:

a.应选择固定式系统,并应设置导泡筒。

b.宜采用发泡倍数为300~500的高倍数泡沫产生器。

c.泡沫混合液供给强度应根据阻止形成蒸汽云和降低热辐射强度试验确定,并应取两项试验的较大值;当缺乏试验数据时,可采用大于7.2 L/(min·m^2)的泡沫混合液供给强度。

d.系统泡沫液和水的连续供给时间应根据所需的控制时间确定,且不宜小于40 min;当同时设置了移动式高倍数泡沫灭火系统时,固定式系统中的泡沫液和水的连续供给时间可按达到稳定控火时间确定。

e.保护场所应有适合设置导泡筒的位置。

f.系统设计应符合《石油天然气工程设计防火规范》(GB 50183—2015)的规定。

③对于A类火灾场所,中倍数泡沫灭火系统的设计应符合下列规定:

a.覆盖保护对象的时间不应大于2 min。

b.覆盖保护对象最高点的厚度宜由试验确定。

　　c.泡沫连续供给时间不应小于 12 min。

　　④对于流散 B 类火灾场所或面积不大于 100 m² 的流淌 B 类火灾场所,中倍数泡沫灭火系统的设计应符合下列规定:

　　a.沸点不低于 45 ℃的非水溶性液体,泡沫混合液供给强度应大于 4 L/(min·m²),室内场所的最小泡沫连续供给时间应大于 10 min。

　　b.室外场所的最小泡沫连续供给时间应大于 15 min。

　　c.水溶性液体、沸点低于 45 ℃的非水溶性液体,设置泡沫灭火系统的适用性及其泡沫混合液供给强度应由试验确定。

3)移动式系统

　　高倍数泡沫系统的淹没时间或覆盖保护对象时间、泡沫供给速率与连续供给时间,应根据保护对象的类型与规模确定。

　　高倍数泡沫系统的泡沫液和水的储备量应符合下列规定:当辅助全淹没或局部应用高倍数泡沫灭火系统时,可在其泡沫液和水的储备量中增加 5%~10%;当在消防车上配备时,每套系统的泡沫液储备量不宜小于 0.5 t;当用于扑救煤矿火灾时,每个矿山救护大队应储存大于 2 t 的泡沫液。

　　对沸点不低于 45 ℃的非水溶性液体流散的 B 类火灾或面积不大于 100 m² 的流淌 B 类火灾,中倍数泡沫混合液供给强度应大于 4 L/(min·m²)。

　　供水压力可根据泡沫产生器和比例混合器的进口工作压力及比例混合器和水带的压力损失确定。

　　高倍数泡沫灭火系统用于扑救煤矿井下火灾时,应配置导泡筒,且泡沫产生器的驱动风压、发泡倍数应满足矿井的特殊需要。

　　移动式系统的泡沫液与相关设备应放置在能立即运送到所有指定防护对象的场所;当移动泡沫产生器预先连接到水源或泡沫混合液供给源时,应放置在易于接近的地方,且水带长度应能达到其最远的防护地。

　　当两个或两个以上的移动式泡沫发生装置同时使用时,其泡沫液和水供给源应能满足最大数量泡沫产生器的使用要求。

　　系统应选用有衬里的消防水带,并应符合下列规定:水带的口径与长度应满足系统要求;水带应以能立即使用的排列形式储存且应防潮。

　　系统所用的电源与电缆应满足输送功率要求,且应满足保护接地和防水的要求。

4)油罐中倍数泡沫灭火系统

　　系统扑救一次火灾的泡沫混合液设计用量,应按罐内用量、该罐辅助泡沫枪用量、管道剩余量三者之和最大的储罐确定。固定顶与内浮顶油罐的保护面积应为油罐的横截面面积。系统泡沫混合液供给强度不应小于 4 L/(min·m²),连续供给时间不应小于 30 min。设置固定式中倍数泡沫灭火系统的油罐区,宜设置低倍数泡沫枪;当设置中倍数泡沫枪时,其数量与连续供给时间不应小于表 5.6 的规定。

表5.6　中倍数泡沫枪数量和连续供给时间

油罐直径/m	泡沫枪流量/(L·s⁻¹)	泡沫枪支数/支	连续供给时间/min
≤10	3	1	10
>10且≤20	3	1	20
>20且≤30	3	2	20
>30且≤40	3	2	30
>40	3	3	30

固定顶油罐与内浮顶油罐中倍数泡沫灭火系统的泡沫产生器与管道布置,当中倍数泡沫产生器设置数量大于或等于3个时,可每两个产生器共享一根管道引至防火堤外。油罐中倍数泡沫灭火剂应采用特制的8%型氟蛋白泡沫液。

5.2.3　泡沫-水喷淋系统与泡沫喷雾系统

1)基本要求

泡沫-水喷淋系统泡沫混合液与水的连续供给时间应符合下列规定:泡沫混合液连续供给时间不应小于10 min,泡沫混合液与水的连续供给时间之和不应小于60 min。

泡沫-水雨淋系统与泡沫-水预作用系统的控制应符合下列规定:系统应同时具备自动、手动功能和机械应急启动功能;机械手动启动力不应超过180 N;系统自动或手动启动后,泡沫液供给控制装置应自动随供水主控阀的动作而动作或与之同时动作;系统应设置故障监视与报警装置,且应在主控制盘上显示。

当泡沫液管线长度超过15 m时,泡沫液应充满其管线,且泡沫液管线及其管件的温度应保持在泡沫液指定的储存温度范围内;埋地敷设时,应设置检查管道密封性的设施。

泡沫-水喷淋系统应设置系统试验接口,其口径应分别满足系统最大流量与最小流量的要求。

泡沫-水喷淋系统的防护区应设置安全排放或容纳设施,且排放或容纳量应按被保护液体最大可能泄漏量、固定式系统喷洒量以及管枪喷射量之和确定。

为泡沫-水雨淋系统与泡沫-水预作用系统配套设置的火灾探测与联动控制系统除应符合《火灾自动报警系统设计规范》(GB 50116—2013)的有关规定外,尚应符合下列规定:当电控型自动探测及附属装置设置在有爆炸和火灾危险的环境中时,应符合《爆炸危险环境电力装置设计规范》(GB 50058—2014)的规定;设置在腐蚀气体环境中的探测装置,应由耐腐蚀材料制成或采取防腐蚀保护措施;当选用带闭式喷头的传动管传递火灾信号时,传动管的长度不应大于300 m,公称直径宜为15~25 mm,传动管上喷头应选用快速响应喷头,且布置间距不宜大于2.5 m。

2)泡沫-水雨淋系统

泡沫-水雨淋系统的保护面积应按保护场所内的水平面面积或水平面投影面积确定。当保护非水溶性液体时,其泡沫混合液供给强度不应小于表5.7的规定;当保护水溶性液体时,其混合液供给强度和连续供给时间应由试验确定。

表5.7　泡沫混合液供给强度

泡沫液种类	喷头设置高度/m	泡沫混合液供给强度 /[L·(min·m²)⁻¹]
蛋白、氟蛋白	≤10	8
	>10	10
水成膜、成膜氟蛋白	≤10	6.5
	>10	8

泡沫-水雨淋系统应设置雨淋阀、水力警铃,并应在每个雨淋阀出口管路上设置压力开关,但喷头数小于10个的单区系统可不设雨淋阀和压力开关。泡沫-水雨淋系统喷头的布置应根据系统设计供给强度、保护面积和喷头特性确定,喷头周围不应有影响泡沫喷洒的障碍物。

泡沫-水雨淋系统设计时应进行管道水力计算,自雨淋阀开启至系统各喷头达到设计喷洒流量的时间不得超过60 s;同时,任意4个相邻喷头组成的四边形保护面积内的平均泡沫混合液供给强度不应小于设计供给强度。

3)闭式泡沫-水喷淋系统

闭式泡沫-水喷淋系统的作用面积应为465 m²,当防护区面积小于465 m²时,可按防护区实际面积确定,另外也可采用试验值。系统的供给强度不应小于6.5 L/(min·m²)。系统输送的泡沫混合液应在8 L/s至最大设计流量范围内达到额定的混合比。

闭式泡沫-水喷淋系统应选用闭式洒水喷头。当喷头设置在屋顶时,其公称动作温度应为121~149 ℃;当喷头设置在保护场所的中间层面时,其公称动作温度应为57~79 ℃;当保护场所的环境温度较高时,其公称动作温度宜高于环境最高温度30 ℃。

闭式泡沫-水喷淋系任意4个相邻喷头组成的四边形保护面积内的平均供给强度不应小于设计供给强度,且不应大于设计供给强度的1.2倍;喷头周围不得有影响泡沫喷洒的障碍物;每只喷头的保护面积不应大于12 m²;同一支管上两只相邻喷头的水平间距、两条相邻平行支管的水平间距,均不应大于3.6 m。

泡沫-水湿式系统的管道充注泡沫预混液时,其管道及管件应耐泡沫预混液腐蚀,且不宜影响泡沫预混液的性能,充注泡沫预混液系统的环境温度宜为5~40 ℃;当系统管道充水时,在8 L/s的流量下,自系统启动至喷泡沫的时间不应大于2 min,充水系统的环境温度应为4~70 ℃。

泡沫-水预作用系统与泡沫-水干式系统的管道充水时间不应大于1 min;泡沫-水预作用系统每个报警阀控制喷头数不应超过800只,泡沫-水干式系统每个报警阀控制喷头数不宜超过500只。

4)泡沫喷雾系统

泡沫喷雾系统保护油浸电力变压器时,系统的保护面积应按变压器油箱本体水平投影且四周外延1 m计算确定;泡沫混合液或泡沫预混液供给强度不应小于8 L/(min·m²),连续供时间不应小于15 min；喷头的设置应使泡沫覆盖变压器油箱顶面，且每个变压器进出线绝缘套管升高座孔口应设置单独的喷头保护装置；保护绝缘套管升高座孔口喷头的雾化角宜为60°，其他喷头的雾化角不应大于90°；系统所用泡沫灭火剂的灭火性能级别应为Ⅰ级，抗烧水平不应低于C级。

泡沫喷雾系统保护非水溶性液体室内场所时，泡沫混合液或预混液供给强度不应小于6.5 L/(min·m²)，连续供给时间不应小于10 min。系统保护面积内的泡沫混合液供给强度应均匀，泡沫应直接喷洒到保护对象上，喷头周围不应有影响泡沫喷洒的障碍物。

泡沫喷雾系统的喷头应带过滤器，其工作压力不应小于其额定压力，且不宜高于其额定压力0.1 MPa。系统喷头、管道与电气设备带电(裸露)部分的安全净距应符合国家有关标准的规定。当系统采用泡沫预混液时，其有效使用期不宜小于3年。

泡沫喷雾系统应同时具备自动、手动和机械应急启动方式。在自动控制状态下，灭火系统的响应时间不应大于60 s。

【技能提升】

泡沫灭火系统消防泵安装质量检查

一、实训任务

本任务是对泡沫灭火系统中消防水泵的安装质量进行检查，包括水泵的安装位置、水平度、管道连接、滤网安装和柴油机排气管安装等环节。通过完成该任务，学生将掌握泡沫消防水泵安装质量的检查方法和相关标准要求。

二、实训目的

1. 能够使用水平尺和塞尺检查水泵的水平度和安装基准；
2. 能够检查水泵与管道的连接是否符合以法兰端面为基准的要求；
3. 能够检查水泵进水管滤网的安装牢固性和便于清洗性；
4. 能够检查柴油机排气管的安装位置、长度、弯头角度及数量是否符合设计要求。

三、实施条件

要实施本项目，需准备已安装的泡沫消防水泵和相关管道系统，并配备检查所需的工具，如水平尺、塞尺、钢尺等。

四、操作指导

1.泡沫消防水泵的安装检查

检查泡沫消防水泵的安装是否符合现行国家标准《风机、压缩机、泵安装工程施工及验收规范》(GB 50275—2010)的有关规定。检查数量为全数检查，检查方法为观察检查并核对安装记录。

2.水泵水平度检查

泡沫消防水泵应该整体安装在基础上,并以底座水平面为基准进行找平、找正。检查数量为全数检查,检查方法为观察检查,并使用水平尺和塞尺测量水平度。

3.水泵与管道连接检查

泡沫消防水泵与相关管道连接时,应以消防水泵的法兰端面为基准进行测量和安装。检查数量为全数检查,检查方法为尺量测量和观察检查。

4.进水管滤网检查

检查进水管吸水口处设置的滤网,确保滤网架安装牢固,滤网便于清洗。检查数量为全数检查,检查方法为观察检查。

5.柴油机排气管检查

拖动泡沫消防水泵的柴油机排气管应采用钢管连接后通向室外,检查其安装位置中径、长度、弯头的角度是否满足设计要求。检查数量为全数检查,检查方法为尺量测量和观察检查。

对检查中发现的不符合项,应立即要求整改并重新检查,以确保所有安装质量符合设计要求和相关标准规范。

五、实训记录表

泡沫灭火系统消防泵安装质量检查记录表

工程名称			
施工单位		监理单位	
子分部工程名称	系统安装	施工执行规范名称及编号	
分项工程名称	质量规定（规范条款）	施工单位检查记录	监理单位检查记录
消防泵的安装	9.3.5		
	9.3.6		
	9.3.7		
	9.3.8		
	9.3.9		
结论	施工单位项目负责人： （签章） 年　月　日	监理工程师： （签章） 年　月　日	

【自我测评】

一、单项选择题

1.泡沫-水喷淋系统中,泡沫混合液的连续供给时间不应小于(　　)。

  A.5 min　　　　　　　　　　　　B.10 min

  C.15 min　　　　　　　　　　　　D.20 min

2.泡沫灭火系统中,泡沫液的储存温度宜为(　　)。

  A.0~30 ℃　　　　　　　　　　　B.4~40 ℃

  C.5~45 ℃　　　　　　　　　　　D.10~50 ℃

3.局部应用式中倍数泡沫灭火系统,覆盖保护对象的时间不应超过(　　)。

  A.2 min　　　　　　　　　　　　B.3 min

  C.4 min　　　　　　　　　　　　D.5 min

4.高倍数泡沫灭火系统在扑救固体火灾时,其泡沫淹没深度应高于最高保护对象高度的(　　)。

  A.0.6 m　　　　　　B.1.1倍　　　　　　C.2倍　　　　　　　　D.2 m

5.对于局部应用系统的A类火灾场所,中倍数泡沫灭火系统的泡沫连续供给时间不应小于(　　)。

  A.5 min　　　　　　　　　　　　B.7 min

  C.10 min　　　　　　　　　　　　D.12 min

6.新建一个内浮顶原油储罐,容量为6 000 m³,采用中倍数泡沫灭火系统时,宜选用(　　)泡沫灭火系统。

  A.固定　　　　　　　　　　　　B.移动

  C.半固定　　　　　　　　　　　D.半移动

二、简答题

1.非水溶性液体储罐液下或半液下喷射系统泡沫混合液的供给强度和连续供给时间限值是多少?

2.当甲、乙、丙类液体槽车装卸栈台设置泡沫炮或泡沫枪系统时应符合哪些规定?

项目5.3　泡沫灭火系统设置

【学习目标】

1.熟悉泡沫灭火系统的组成成分;
2.了解各系统组件的功能和特性;
3.掌握各类组件的选择和设置要求;
4.能够根据具体场景和系统设计要求,正确选择合适的泡沫灭火系统组件;
5.能够判断系统组件是否符合设计要求和质量标准;
6.能够按照规范要求进行泡沫灭火系统泡沫产生装置的调试。

【案例引入】

合肥团队首创国内新型灭火剂　攻克锂电池灭火难题

2024年10月,合肥中科永安自主研发的新一代灭火技术通过安徽省重大科技成果工程化研发项目验收。该技术能够在各类复杂火灾场景中实现高效灭火,尤其是在锂电池灭火方面具有显著的效果。

该科研团队负责人介绍,团队研发了复合型高稳定微细泡沫锂电池专用灭火剂。该灭火剂是通过无机和有机复配技术制备的,具有高稳定性和微细泡沫结构以及环保无毒、高效降温、吸烟降尘、吸附高危气体等特点。

这一灭火剂在国内尚属首创,并已在多种场景中实现了工程化应用。例如,背负式压缩空气泡沫灭火装置采用人工仿生背负式设计,便于携带,喷射距离远,覆盖面积广,非常适合复杂地形使用;固定式装置则能自动感应火警信号,迅速启动灭火系统,有效防止火灾蔓延。

目前,新一代环保智能灭火技术已广泛应用于锂电池生产储存车间、电动自行车车棚、新能源汽车充电站、化工园区、商业区、住宅区等场所。该技术能够有效应对因电池热失控引发的火灾,迅速扑灭明火,同时降低有害物质的排放,保护环境。

启示:随着新能源时代的到来,锂电池火灾成为困扰行业的新难题,而合肥团队正是瞄准这一空白,有针对性地研发专用灭火剂。作为消防专业的学生,我们不能局限于传统火灾类型的学习,更要主动关注新兴产业、新技术带来的消防安全挑战(比如新能源汽车、储能电站等领域的火灾特性),提前储备相关知识,让学习始终与时代需求同步。

【知识精析】

泡沫灭火系统的组件由泡沫液、泡沫消防泵(泡沫消防水泵、泡沫混合液泵、泡沫液泵)、泡沫液储罐、泡沫比例混合装置、泡沫产生装置、阀门、管道及其他附件组成。系统组件必须经国家级产品质量监督检验机构检验合格,并且必须符合设计用途。

5.3.1 泡沫消防泵

泡沫消防泵即能把水或泡沫液以一定压力输出的消防泵,泡沫消防泵宜选用特性曲线平缓的离心泵,以保证流量的可变性和扬程的不变性。泡沫消防泵宜为自灌式引水。但采用自灌式引水时,蓄水池的水面不得高于水泵轴线5 m,否则环泵式负压比例混合器不能正常工作。

1)泡沫消防水泵、泡沫混合液泵的选择与设置要求

泡沫消防水泵、泡沫混合液泵应选择特性曲线平缓的离心泵,且其工作压力和流量应满足系统设计要求;当采用水力驱动式平衡式比例混合装置时,应将其消耗的水流量计入泡沫消防水泵的额定流量内;当采用环泵式比例混合器时,泡沫混合液泵的额定流量应为系统设计流量的1.1倍;泵进口管道上,应设置真空压力表或真空表;泵出口管道上,应设置压力表、单向阀和带控制阀的回流管。

2)泡沫液泵的选择与设置要求

泡沫液泵的工作压力和流量应满足系统最大设计要求,并应与所选比例混合装置的工作压力范围和流量范围相匹配,同时应保证在设计流量下泡沫液供给压力大于最大水压力;泡沫液泵的结构形式、密封或填充类型应适宜输送所选的泡沫液,其材料应耐泡沫液腐蚀且不影响泡沫液的性能;除水力驱动型泵外,泡沫液泵应按国家现行标准《泡沫灭火系统技术标准》(GB 50151—2021)对泡沫消防泵的相关规定设置动力源和备用泵,备用泵的规格型号应与工作泵相同,工作泵故障时应能自动与手动切换到备用泵;泡沫液泵应能耐受时长不低于10 min的空载运行。

5.3.2 泡沫比例混合器

泡沫比例混合器是一种使水与泡沫原液按规定比例混合成的混合液,以供泡沫产生设备发泡的装置。我国目前生产的泡沫比例混合器有环泵式泡沫比例混合器、压力式比例混合器、平衡压力泡沫比例混合器和管线式泡沫比例混合器。

1)环泵式泡沫比例混合器

环泵式泡沫比例混合器固定安装在泡沫消防泵的旁路上,其混合流程如图5.7所示。环泵式泡沫比例混合器的限制条件较多,设计难度较大,达到混合比时间较长。但其结构简单、工程造价低,且配套的泡沫液储罐为常压储罐,便于操作、维护、检修和试验。

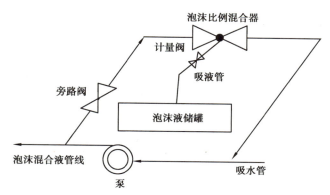

图5.7　环泵式泡沫比例混合流程

（1）适用范围

环泵式泡沫比例混合器适用于建有独立泡沫消防泵站的场所，尤其适用于储罐规格较单一的甲、乙、丙类液体储罐区。

（2）设置要求

采用环泵式泡沫比例混合器时，其设计应符合下列要求：

①水池相对水位不宜过高，以保证泡沫比例混合器出口压力（表压）为零或负压。但当其进口（即泡沫消防泵出口）压力为0.7～0.9 MPa时，出口压力可为0.02～0.03 MPa。否则，会影响泡沫混合比的精度。

②泡沫比例混合器泡沫液入口不应高于泡沫液储罐最低液面1 m，否则，对吸入的泡沫液量有影响，进而影响泡沫混合比的精度。

③比例混合器的出口压力大于零时，其吸液管上应设置有防止水倒流入泡沫液储罐的装置。采用该泡沫比例混合器的系统，如果误开泡沫液储罐与水池相通的阀门，当泡沫液液面高于水液面时，泡沫液会流到水池中；当水液面高于泡沫液液面时，水会流到泡沫液储罐中，为此应采取必要的措施加以预防。

④为防止泡沫比例混合器被异物堵塞或其他故障对系统安全性造成影响，要求并联安装一个备用泡沫比例混合器。

（3）使用方法

启动消防泵，将水压调到系统所需的压力，将比例混合器的指针转到所需的泡沫混合液量指数上，开启比例混合器和泡沫液管路的阀门，水与泡沫液即按比例混合，混合液经管道输送到泡沫产生器，即可产生空气泡沫。泡沫混合液量在指示牌允许范围内可根据需要进行调节。

2)压力式泡沫比例混合器

压力式泡沫比例混合器既适用于低倍数泡沫灭火系统，也可用于集中控制流量基本不变的一个或多个防护区的全淹没式高倍数泡沫灭火系统和局部应用式高倍数泡沫灭火系统。

压力式泡沫比例混合器分为无囊式压力比例混合器和囊式压力比例混合装置两种，如图5.8和图5.9所示，它们主要由比例混合器与泡沫液压力储罐及管路构成。

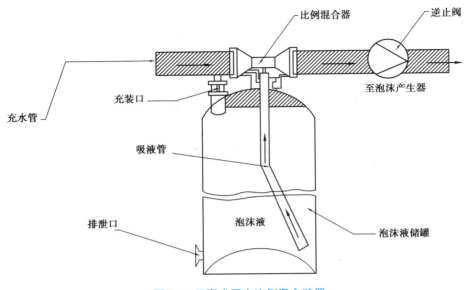

图5.8　无囊式压力比例混合装置

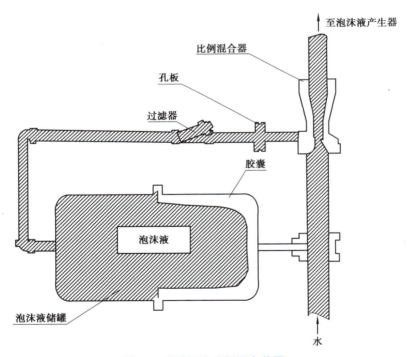

图5.9　囊式压力比例混合装置

（1）适用范围

压力式泡沫比例混合器是工厂生产的由比例混合器与泡沫液储罐组成一体的独立装置，安装时不需要再调整其混合比等，其产品样本中一并给出了安装图，所以设计与安装方便、配置简单、利于自动控制。它适用于全厂统一采用高压或稳高压消防给水系统的石油化工企业，尤其适用于分散设置独立泡沫站的石油化工生产装置区。

（2）设计要求

采用压力式泡沫比例混合器时，其设计应符合下列要求：

①压力比例混合器的单罐容积不应大于 10 m^3。

②无囊式压力比例混合器，当单罐容积大于 5 m^3 且储罐内无分隔设施时，宜设置一台小容积压力比例混合器，其容积应大于 0.5 m^3，并能保证系统按最大设计流量连续提供 3 min 的泡沫混合液。

③无囊式压力比例混合器的控制阀门应采用合格产品且应选型得当，以防止泡沫液储罐进水，使泡沫液失效。

④泡沫液储罐的内部材料或防腐处理不适应所储存的泡沫液时，将导致储罐损坏和泡沫液变质。特别是水成膜泡沫液含有较大比例的碳氢表面活性剂与氟碳表面活性剂以及有机溶剂，长期储存，碳氢表面活性剂和有机溶剂不但对金属有腐蚀作用，而且对许多非金属材料也有很强的溶解、溶胀和渗透作用，若内壁材料不相宜，其泡沫液储罐使用寿命会缩短；碳钢长期与水成膜泡沫液直接接触，铁离子会使氟碳表面活性剂变质，碳氢表面活性剂和有机溶剂溶解的非金属材料分子或离子进入泡沫液中也会影响其性能。因此，采用压力比例混合装置时，应考虑囊或储罐内壁材料是否与水成膜泡沫液相适宜。

（3）使用方法

与混合器配套的消防水泵的压力，必须符合混合器进口工作压力范围的要求，否则将影响混合比，降低泡沫质量；混合器使用时应首先开启排气阀，随后开启进水阀，当排气阀出水时即可关闭，待储罐内压力升到需要值时，可开启储液阀，混合液即可输出；混合器使用后，要将出液阀、进水阀分别关闭，然后开启排气阀，待压力表回零后，开启放液阀，将储罐内泡沫液和水放尽。

3）平衡式泡沫比例混合器

平衡式泡沫比例混合器的混合流程如图 5.10 所示，平衡式泡沫比例混合装置的比例混合精度较高，适用的泡沫混合液流量范围较大，泡沫液储罐为常压储罐。平衡压力流量控制阀与泡沫比例混合器有分体式和一体式两种。

（1）适用范围

平衡式泡沫比例混合器的适用范围较广，目前工程中采用较多。尤其设置若干个独立泡沫站的大型甲、乙、丙类液体储罐区，多采用水力驱动式平衡压力比例混合装置。

（2）设计要求

当采用平衡式泡沫比例混合器时，应符合下列要求：

①比例混合器的泡沫液进口压力应大于水的进口压力，但其压差不宜大于 0.2 MPa。

②比例混合器的泡沫液进口管道上应设置单向阀。

③当采用水力驱动式泡沫液泵时，可不设置备用泵；采用其他动力源的泡沫液泵时，应设置备用泵且动力源的要求与泡沫泵站的动力源要求相同。

④为保证系统使用或试验后用水冲洗干净，不留残液，泡沫液管道上应设置冲洗及放空管道。

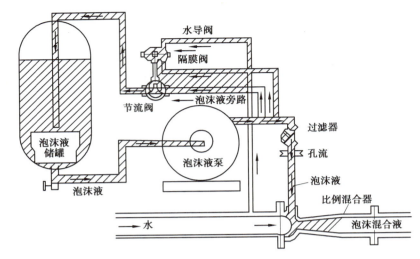

图5.10 平衡压力式泡沫比例混合流程

（3）使用条件

PHP型平衡式泡沫比例混合器必须垂直安装使用；PHP平衡式泡沫比例混合器应与消防水泵和泡沫液泵配套使用；当使用3%或6%型泡沫液时，必须按照泡沫液型号配用，否则比例失调；使用时两只压力表指示的压力值必须相同。

4) 管线式泡沫比例混合器

管线式泡沫比例混合器是利用文丘里管的原理在混合腔内形成负压，在大气压力作用下将容器内的泡沫液吸到腔内与水混合。不同的是管线式泡沫比例混合器直接安装在主管线上，泡沫液与水直接混合形成混合液，系统压力损失较大，其混合流程如图5.11所示。

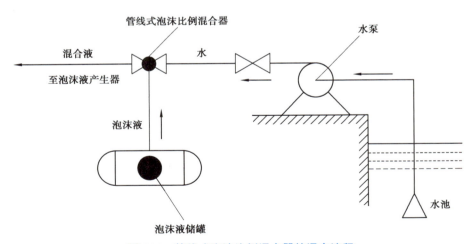

图5.11 管线式泡沫比例混合器的混合流程

（1）适用范围

由于管线式泡沫比例混合器的混合比精度通常不高。因此，在固定式泡沫灭火系统中很少使用,其主要用于移动式泡沫灭火系统,与泡沫炮、泡沫枪、泡沫产生器装配一体使用。

（2）设置要求

①在低倍数泡沫灭火系统中,为形成良好的泡沫,要求管线式泡沫比例混合器的出口压力应满足克服混合器的出口至泡沫产生装置这段消防水带的水头损失和泡沫产生装置进口需要的压力。

②在高倍数泡沫灭火系统中,使用管线式泡沫比例混合器时应符合下列规定:水的进口压力范围为 0.6～1.2 MPa;水流量范围为 150～900 L/min;比例混合器的压力损失可按水进口压力的 35% 计算。

③PHF 系列管线式负压比例混合器进口压力应设计保持在 0.6～1.2 MPa 范围内;应配用 3% 或 6% 型泡沫液;应水平安装使用;该系列比例混合器与高倍数泡沫灭火系统的安装距离不应超过 40 m。

5.3.3　泡沫产生装置

泡沫产生装置的作用是将泡沫混合液与空气混合形成空气泡沫,输送至燃烧物的表面上,并且分为液上喷射空气泡沫产生器、液下喷射空气泡沫高背压产生器、高倍数泡沫产生器和低倍数泡沫产生器 4 种。

1）低倍数泡沫产生器

低倍数泡沫产生器有横式和竖式两种,均安装在油罐壁的上部,仅安装形式不同,构造和工作原理是相同的。低倍数泡沫产生器应符合下列规定:

①固定顶储罐、按固定顶储罐对待的内浮顶储罐,宜选用立式泡沫产生器。

②泡沫产生器进口的工作压力应为其额定值±0.1 MPa。

③泡沫产生器的空气吸入口及露天的泡沫喷射口,应设置防止异物进入的金属网。

④横式泡沫产生器的出口,应设置长度不小于 1 m 的泡沫管。

⑤外浮顶储罐上的泡沫产生器,不应设置密封玻璃。

2）高背压泡沫产生器

高背压泡沫产生器是从储罐内底部液下喷射空气泡沫扑救油罐火灾的主要设备。高背压泡沫产生器应符合下列规定:

①进口工作压力应在标定的工作压力范围内。

②出口工作压力应大于泡沫管道的阻力和罐内液体静压力之和。

③发泡倍数不宜小于 2,且不应大于 4。

3）高倍数泡沫产生器

高倍数泡沫产生器是高倍数泡沫灭火系统中产生并喷放高倍数泡沫的装置。水和高倍数泡沫液按所要求的比例混合后,以一定的压力进入泡沫产生器,通过喷嘴以雾化形式均匀喷向发泡网,在网的内表面上形成一层混合液薄膜,再由风叶送来的气流将混合液薄膜吹胀成大量的气泡(泡沫群)。高倍数泡沫产生器应符合下列规定:

①在防护区内设置并利用热烟气发泡时,应选用水力驱动型泡沫产生器。

②在防护区内固定设置泡沫产生器时,应采用不锈钢材料的发泡网。

4)中倍数泡沫产生器

中倍数泡沫产生器分为吸气型和吹气型两种,吸气型的发泡原理和低倍数泡沫产生器相同,吹气型的发泡原理和高倍数泡沫产生器相同。吸气型泡沫产生器的发泡倍数要低于吹气型泡沫产生器。

该种泡沫产生器目前有固定式和手提式两种。固定式目前有PZ3型和PZ6型两种,它们固定安装在可燃、易燃液体储罐上,用来产生并向罐内喷射发泡倍数为21~40的中数泡沫,以达到灭火的目的。

手提式目前主要有PZ4型和PZ5型两种,它们与泡沫消防车或手抬消防泵和PHF型负压比例混合器配套使用组成移动式中倍数泡沫灭火系统。中倍数泡沫产生器应符合下列规定:

①发泡网应采用不锈钢材料。

②安装于油罐上的中倍数泡沫产生器,其进空气口应高出罐壁顶。

【技能提升】

泡沫灭火系统泡沫产生装置调试

一、实训任务

本任务是对泡沫灭火系统中的低倍数泡沫产生器、固定式泡沫炮、泡沫枪以及中倍数、高倍数泡沫产生器等泡沫产生装置进行调试,检验其进口压力、射程、射高、仰俯角度、水平回转角度、发泡网喷水状态等指标是否符合设计要求。通过完成该任务,掌握泡沫灭火系统中各类泡沫产生装置的调试方法。

二、实训目的

1.能够正确对低倍数泡沫产生器进行喷水试验,检查其进口压力是否符合设计要求,并在被保护储罐不允许喷水时正确设置喷水口及调节压力。

2.能够正确对固定式泡沫炮进行喷水试验,以检验其进口压力、射程、射高、仰俯角度、水平回转角度等指标是否符合设计要求。

3.能够正确对泡沫枪进行喷水试验,检查其进口压力和射程是否符合设计要求。

4.能够正确对中倍数、高倍数泡沫产生器进行喷水试验,检验其进口压力是否不小于设计值以及每台泡沫产生器发泡网的喷水状态是否正常。

三、实施条件

要实施本项目,需准备泡沫灭火系统中的各类泡沫产生装置,包括低倍数泡沫产生器、固定式泡沫炮、泡沫枪、中倍数和高倍数泡沫产生器等,同时配备相应的调试工具。

四、操作指导

1.低倍数泡沫产生器调试

进行喷水试验,检查其进口压力是否符合设计要求。检查数量为选择距离泡沫泵站最远的储罐和流量最大的储罐上设置的泡沫产生器进行试验。检查方法是用压力表检查。当被保护储罐不允许喷水时,喷水口可设在靠近储罐的水平管道上。关闭非试验储罐阀门,调节压力使其符合设计要求。

2.固定式泡沫炮调试

进行喷水试验,检验其进口压力、射程、射高、仰俯角度、水平回转角度等指标是否符合设计要求。检查数量为全数检查。检查方法是用手动或电动实际操作,并用压力表、尺量和观察检查。

3.泡沫枪调试

进行喷水试验,检查其进口压力和射程是否符合设计要求。检查数量为全数检查。检查方法是用压力表、尺量检查。

4.中倍数、高倍数泡沫产生器调试

进行喷水试验,检验其进口压力是否不小于设计值,且每台泡沫产生器发泡网的喷水状态是否正常。检查数量为全数检查。检查方法为关闭非试验防护区的阀门,用压力表测量后进行计算和观察检查。

五、实训记录表

泡沫灭火系统泡沫产生装置调试记录表

工程名称				
施工单位			监理单位	
子分部工程名称	系统调试		施工执行规范名称及编号	
分项工程名称	质量规定 (本标准条款)		施工单位检查记录	监理单位 检查记录
泡沫产生 装置调试	9.4.14	1		
		2		
		3		
		4		
结论	施工单位项目负责人: (签章) 年 月 日		监理工程师: (签章) 年 月 日	

【自我测评】

一、单项选择题

1.泡沫喷淋系统应具有(　　)启动控制功能。

    A.自动   B.手动   C.机械应急   D.无线遥控

2.保护设有围堰的甲、乙、丙类液体流淌区域发生火灾时,可选用(　　)等形式进行保护。

    A.泡沫喷淋系统   B.泡沫炮

    C.泡沫钩枪   D.泡沫枪

3.以下哪些储罐的泡沫产生器的泡沫混合液管应采用独立管道引至防火堤外?(　　)

    A.固定顶储罐

    B.浮盘用易熔材料制作的内浮顶储罐

    C.双盘内浮顶储罐

    D.外浮顶储罐

4.采用液下喷射泡沫保护非水溶性甲、乙、丙类液体贮罐火灾时,应选用(　　)泡沫液进行保护。

    A.蛋白泡沫   B.水成膜泡沫

    C.氟蛋白泡沫   D.成膜氟蛋白泡沫

二、多项选择题

1.选择泡沫液时需考虑的因素有(　　)。

    A.保护对象的火灾类型

    B.环境温度

    C.泡沫混合液供给强度

    D.泡沫液的储存期限

    E.系统工作压力

2.关于泡沫比例混合器的说法,正确的有(　　)。

    A.环泵式比例混合器适用于小型系统

    B.压力式比例混合装置需单独设置泡沫液储罐

    C.平衡式比例混合装置可用于较大流量系统

    D.管线式比例混合器适用于局部应用系统

    E.所有比例混合器均需与泡沫消防水泵联动

三、简答题

1.泡沫灭火系统包含哪些组件?

2.我国目前生产的泡沫比例混合器有哪些?

3.低倍数泡沫产生器应符合哪些规定?

模块 **6**
固定消防炮与自动跟踪定位射流灭火系统

项目6.1　固定消防炮灭火系统

【学习目标】

1.了解固定消防炮灭火系统的组成和分类；

2.熟悉固定消防炮灭火系统的设置场所；

3.掌握消防炮灭火系统的工作原理；

4.掌握消防炮灭火系统的设计规定；

5.能够根据具体场所选择合适的固定消防炮灭火系统；

6.能够按照规范要求进行固定消防炮灭火系统的调试。

【案例引入】

消防炮的发展历程

消防炮发展到今天，经历了很长一段时间，从封建王朝的水龙到近代的消火栓，经过科技人员的不断试验和改进，终于在1991年我国第一套消防炮系统投入生产。消防炮的发明和使用解决了我国高大空间火灾无法有效扑救的难题。

消防炮灭火系统从手动式发展到自动式，然后再进一步发展成为主动式喷水灭火系统，主要历经了3个发展时期：第一个时期是手动式喷水灭火系统，主要是指室内消火栓和消防软盘，包括由水枪、水带等配件而构成的传统灭火系统。第二个时期是自动式灭火系统，主要是指自动喷水灭火系统，主要分为自动闭式系统和自动开式系统。目前，这几种灭火系统在日常生活中都有着广泛的应用。第三个时期是消防炮系统，主要包括固定型和自动型。固定型消防炮是一种需要人工判断和操作的手动型喷水灭火系统，可根据火灾现场的具体情况做出更有针对性的处理。自动型消防炮属于主动型喷水灭火系统，将红外传感技术、信号处理、通信技术和计算机技术等学科的先进技术进行有机结合，对火灾发生、系统启动、开始并持续喷水灭火和智能停止喷水等过程进行全面有效的控制。随着消防炮的种类变多，功能逐渐完善，在很多重点工程与要害场所都能看到消防炮的身影。

启示：通过消防炮的发展历程，我们看到了中国科技的进步和消防行业的发展，这些成果主要归功于科研人员和消防工作者的默默付出和艰苦奋斗。我们在为取得的成绩鼓掌欢呼的同时，也要看到目前消防行业还面临着许多亟待解决的难题，而这需要正值青春年华的我们奋发努力，开拓创新，为消防行业的发展添砖加瓦，为社会的消防安全贡献自己的一份力量。

【知识精析】

消防炮是一种能够将一定流量、一定压力的灭火剂（如水、泡沫混合液或干粉等）通过能量转换，将势能（压力能）转化为动能，使灭火剂以非常高的速度从炮头出口喷出，形成射流，从而扑灭一定距离以外火灾的灭火系统。固定消防炮灭火系统适用于大跨度或大面积防护场所，主要针对火灾风险等级高、需重点防护的核心设备集群及要害区域，该系统通过智能定位与流量调节功能，能够快速响应并有效控制立体空间内的区域性火灾。

6.1.1　固定消防炮灭火系统的类型

1）按喷射介质分类

根据喷射介质，固定消防炮灭火系统可分为水炮灭火系统、泡沫炮灭火系统和干粉炮灭火系统三大类。

（1）水炮灭火系统

水炮灭火系统的喷射介质为水，该系统由水源、消防泵组、消防水炮、管路、阀门、动力源和控制装置组成，适用于固体可燃物火灾。水炮灭火系统结构如图6.1所示。

（2）泡沫炮灭火系统

泡沫炮灭火系统的喷射介质为泡沫灭火剂，该系统由水源、泡沫液罐、泡沫比例混合装置、消防泵组、泡沫炮、管道、阀门、动力源和控制装置组成，适用于甲、乙、丙类液体火灾和固体可燃物火灾。

（3）干粉炮灭火系统

干粉炮灭火系统的喷射介质为干粉灭火剂，该系统由干粉罐、氮气瓶组、干粉炮、管道、阀门、动力源和控制装置组成，适用于液化石油气、天然气等可燃气体火灾场所。

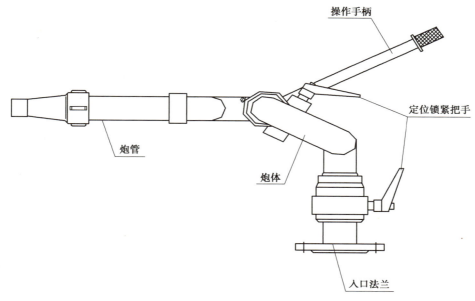

图6.1　水炮灭火系统结构示意图

2)按安装形式分类

根据安装形式不同,固定消防炮灭火系统可分为固定式和移动式两大类。

(1)固定式

固定式是指安装在固定支座上的消防炮,也包括固定安装在消防车上的消防炮。固定消防炮可安装在消防炮塔上对石油化工储存、运输和生产设备进行保护,也可安装在室内用于对大空间建筑的保护,或者安装在消防车、消防艇上作为火场的移动消防力量。

(2)移动式

移动炮灭火系统以移动式消防炮为核心,由灭火剂供给装置(如车载/手抬消防泵、泡沫比例混合装置等)、管路及阀门等部件组成。若使用带遥控功能的远程控制移动式消防炮,还应配备无线遥控装置。移动炮灭火系统是一种能够迅速接近火源、实施就近灭火的系统,它主要配备给消防部队或企事业单位消防队的专业人员使用。

3)按控制形式分类

消防炮灭火系统根据控制形式不同,可分为远控消防炮灭火系统和手动消防炮灭火系统两种类型。

(1)远控消防炮灭火系统

远控消防炮灭火系统是指可以远距离控制消防炮向保护对象喷射灭火剂的固定消防炮灭火系统。远控消防炮灭火系统一般都配备电气控制装置,分为有线遥控和无线遥控两种方式。下列场所宜选用远控消防炮灭火系统:

①有爆炸危险性的场所。

②有大量有毒气体产生的场所。

③燃烧猛烈,产生强烈辐射热的场所。

④火灾蔓延面积较大且损失严重的场所。

⑤高度超过 8 m 且火灾危险性较大的室内场所。

⑥发生火灾时,灭火人员难以及时接近的场所。

（2）手动消防炮灭火系统

手动消防炮灭火系统是指在现场手动操作消防炮的固定消防炮灭火系统。手动消防炮灭火系统以手动消防炮为核心,由灭火剂供给装置、管路及阀门、塔架等部件组成。这类系统操作简单,但应有安全的操作平台。手动消防炮灭火系统适用于热辐射不大、人员便于靠近的场所。

4)按驱动动力装置分类

固定消防炮按驱动动力装置分,可分为气控式消防炮、液控式消防炮和电控式消防炮灭火系统。气控式消防炮是利用气压来驱动消防炮;液控式消防炮是利用液压马达和油缸为动力来实现炮管的俯仰和水平回转;电控式消防炮是利用电机操纵蜗轮蜗杆机构运动。

6.1.2 消防炮型号标记

消防炮的型号由类、组代号、特征代号、船用代号(陆用略)和主参数等组成,消防炮的型号意义说明如下:

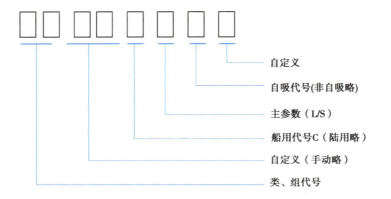

类、组代号:

PS——水炮;PP——泡沫炮;PL——泡沫/水两用炮;PF——干粉炮;PZ——组合炮。

特征代号:

KD——电控;KY——液控;Y——移动式(固定式略)。

标记举例:

PS20L:喷射介质为水,额定流量为 20 L/s 的固定手轮式水炮。

PL24B:喷射介质为泡沫混合液或水,额定流量为 24 L/s 的固定手柄式泡沫/水两用炮。

PSKD40：喷射介质为水，额定流量为40 L/s的电控式水炮。

PSY32B：表示额定流量为32 L/s的移动式手柄操作水炮。

PSKD32：表示额定流量为32 L/s的电动水炮。

6.1.3　消防炮系统设置场所

①建筑面积大于3 000 m²且无法采用自动喷水灭火系统的展览厅、体育馆观众厅等人员密集场所，建筑面积大于5 000 m²且无法采用自动喷水灭火系统的丙类厂房，宜设置固定消防炮等灭火系统。

②设置在下列场所的固定消防炮灭火系统宜用远控消防炮灭火系统：

a.有爆炸危险性的场所；

b.有大量有毒气体产生的场所；

c.燃烧猛烈，产生强烈辐射热的场所；

d.火灾蔓延面积较大，且损失严重的场所；

e.高度超过8 m，且火灾危险性较大的室内场所；

f.发生火灾时，灭火人员难以及时接近或撤离有固定消防炮位的场所。

③《固定消防炮灭火系统设计规范》（GB 50338—2003）规定系统选用的灭火剂应与保护对象相适应，并应符合下列规定：

a.泡沫炮系统适用于甲、乙、丙类液体，固体可燃物火灾场所；

b.干粉炮系统适用于液化石油气、天然气等可燃气体火灾场所；

c.水炮系统适用于一般固体可燃物火灾场所；

d.水炮系统和泡沫炮系统不得用于扑救遇水发生化学反应而引起燃烧、爆炸等物质的火灾。

6.1.4　消防炮灭火系统工作原理

消防炮按照控制方式分为手动消防炮和自动消防炮。

手动消防炮的工作原理是探测器探测到火灾后发出报警信号或在工作人员发现火灾后，由消防管理人员或消防队员现场手动操作消防炮，上下左右转动消防炮，对准着火点进行灭火。

自动消防炮目前有两种控制模式：一种是双波段图像火灾探测系统自动控制，另一种是红外火灾探测自动控制，红外线自动消防炮的工作原理如图6.2所示。

自动消防炮系统由电动消防炮和控制器两部分组成。火灾探测系统自动控制电动消防炮的电动机，使消防炮自动移动，瞄准火源，准确将水喷射到着火点。控制器包括定位器、控制主机、解码器、控制盘等部件和装置。定位器安装在消防炮炮体上，能向控制主机提供现场的有效火灾和空间定位信号，如红外视频信号和彩色视频信号等。控制主机接收定位器提供的信号，控制解码器驱动消防炮扫描并确定着火点。解码器可根据控制主机的指令驱动消防炮转动。控制盘具备全自动和半自动两种控制功能，可以通过手动按钮启动消防炮电磁阀使其出水。

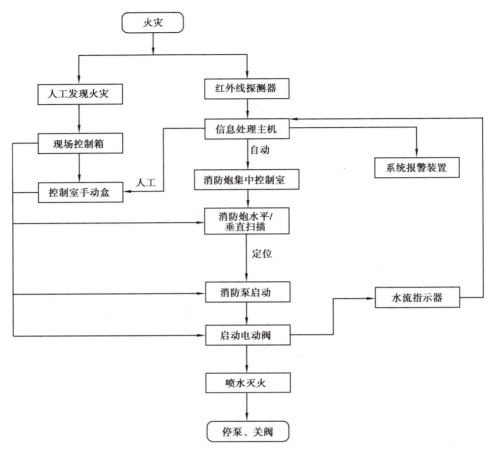

图6.2　红外线自动消防炮的工作原理

自动消防炮定位灭火流程如下：

火灾探测器探测到火灾后，根据控制器的指令，消防炮在电动机的带动下，自动进行旋转和上下转动，并瞄准起火点进行喷水灭火。

双波段火灾探测系统控制的消防炮，火灾定位器安装在消防炮的喷管上，定位器与消防炮在水平电动机驱动下定时以9°/s的速度进行水平扫描，同时将动态图像送入计算机进行分析判断。

当发现有异常热辐射时，停止旋转，进行仔细判断。当异常热辐射被确定为火灾时，调整水平和垂直电动机使着火点处于图像预设的确定位置（火点影像处于此位置后，消防炮的水柱对应于实际着火处），启动消防泵和电动阀门进行喷水灭火，否则继续旋转。

水平180°扫描完成后，垂直电动机旋转50°并重复以上过程，在此过程中发现火灾后调整消防炮角度进行灭火，直到再次水平180°扫描完成后，垂直电动机再旋转50°重复以上过程。

每次水平旋转扫描时间为20 s，三次共60 s；每次垂直旋转为6 s，两次共12 s；中间间歇停顿时间共30 s，扫描整个控制区域的时间总计为102 s。由此，消防炮系统在接到火灾报警后，最终实现瞄准定位的时间不超过102 s，这保证了系统完全满足《固定消防炮灭火系统设计规范》（GB 50338—2003）中4.1.6"水炮系统和泡沫炮系统从启动至炮口喷射水或泡沫的时间不应大于5 min,干粉炮系统从启动至炮口喷射干粉的时间不应大于2 min"的规定。

6.1.5　消防炮灭火系统设计

1)水炮系统

（1）水炮的设计射程和设计流量

水炮的设计射程和设计流量应符合下列规定：

①水炮的设计射程应符合消防炮布置的要求。室内布置的水炮的射程应按产品射程的指标值计算,室外布置的水炮的射程应按产品射程指标值的90%计算。当水炮的设计工作压力与产品额定工作压力不同时,应在产品规定的工作压力范围内选用。水炮的设计射程可按下式确定：

$$D_{s} = D_{s0} \cdot \sqrt{\frac{P_{e}}{P_{0}}} \tag{6.1}$$

式中　D_{s}——水炮的设计射程,m;

$\quad\quad D_{s0}$——水炮在额定工作压力时的射程,m;

$\quad\quad P_{e}$——水炮的设计工作压力,MPa;

$\quad\quad P_{0}$——水炮的额定工作压力,MPa。

当上述计算的水炮设计射程不能满足消防炮布置的要求时,应调整原设定的水炮数量、布置位置或规格型号,直至达到要求。

②水炮的设计流量可按下式确定：

$$Q_{s} = q_{s0} \cdot \sqrt{\frac{P_{e}}{P_{0}}} \tag{6.2}$$

式中　Q_{s}——水炮的设计流量,L/s;

$\quad\quad q_{s0}$——水炮的额定流量,L/s。

室外配置的水炮其额定流量不宜小于30 L/s。

（2）水炮系统灭火及冷却用水的连续供给时间

水炮系统灭火及冷却用水的连续供给时间应符合下列规定：

①扑救室内火灾的灭火用水连续供给时间不应小于1.0 h。

②扑救室外火灾的灭火用水连续供给时间不应小于2.0 h。

③甲、乙、丙类液体储罐、液化烃储罐、石化生产装置和甲、乙、丙类液体、油品码头等冷却用水连续供给时间应符合国家相关标准的规定。

（3）水炮系统灭火及冷却用水的供给强度

根据《消防设施通用规范》（GB 55036—2022）和《固定消防炮灭火系统设计规范》（GB 50338—2003）的要求,水炮系统灭火及冷却用水的供给强度应符合下列规定：

①扑救室内一般固体物质火灾的供给强度应符合国家有关标准的规定,其用水量应按两门水炮的水射流同时到达防护区任一部位的要求计算。民用建筑的用水量不应小于40 L/s,工业建筑的用水量不应小于60 L/s。

②扑救室外火灾的灭火及冷却用水的供给强度应符合国家有关标准的规定。

③甲、乙、丙类液体储罐、液化烃储罐和甲、乙、丙类液体、油品码头等冷却用水的供给强

度应符合国家有关标准的规定。

④石化生产装置的冷却用水的供给强度不应小于 16 L/(min·m²)。

(4)水炮系统灭火面积及冷却面积

水炮系统灭火面积及冷却面积的计算应符合下列规定：

①甲、乙、丙类液体储罐、液化烃储罐冷却面积的计算应符合国家有关标准的规定。

②石化生产装置的冷却面积应符合《石油化工企业设计防火规范》的相关规定。

③甲、乙、丙类液体、油品码头的冷却面积应按下式计算：

$$F = 3BL - f_{\max} \tag{6.3}$$

式中　F——冷却面积，m²；

　　　　B——最大油舱的宽度，m；

　　　　L——最大油舱的纵向长度，m；

　　　　$f_{\max}$——最大油舱的面积，m²。

其他场所的灭火面积及冷却面积应按照国家有关标准或根据实际情况确定。水炮系统的计算总流量应为系统中需要同时开启的水炮设计流量的总和，且不得小于灭火用水计算总流量及冷却用水计算总流量之和。

2)泡沫炮系统

(1)泡沫炮的设计射程和设计流量

泡沫炮的设计射程和设计流量应符合下列规定：

①泡沫炮的设计射程应符合消防炮布置的要求。室内布置的泡沫炮的射程应按产品射程的指标值计算，室外布置的泡沫炮的射程应按产品射程指标值的90%计算。

②当泡沫炮的设计工作压力与产品额定工作压力不同时，应在产品规定的工作压力范围内选用。

泡沫炮的设计射程可按下式确定：

$$D_{\mathrm{p}} = D_{\mathrm{p0}} \cdot \sqrt{\frac{P_{\mathrm{e}}}{P_0}} \tag{6.4}$$

式中　D_{p}——泡沫炮的设计射程，m；

　　　　D_{p0}——泡沫炮在额定工作压力时的射程，m；

　　　　P_{e}——泡沫炮的设计工作压力，MPa；

　　　　P_0——泡沫炮的额定工作压力，MPa。

当上述计算的泡沫炮设计射程不能满足消防炮布置的要求时，应调整原设定的泡沫炮数量、布置位置或规格型号，直至达到要求。

泡沫炮的设计流量可按下式确定：

$$Q_{\mathrm{p}} = q_{\mathrm{p0}} \cdot \sqrt{\frac{P_{\mathrm{e}}}{P_0}} \tag{6.5}$$

式中　Q_{p}——泡沫炮的设计流量，L/s；

　　　　q_{p0}——泡沫炮的额定流量，L/s。

室外配置的泡沫炮其额定流量不宜小于48 L/s。

（2）泡沫混合液的连续供给时间和供给强度

扑救甲、乙、丙类液体储罐区火灾及甲、乙、丙类液体、油品码头火灾等的泡沫混合液的连续供给时间和供给强度应符合国家有关标准的规定。

（3）泡沫炮灭火面积

泡沫炮灭火面积的计算应符合下列规定：

①甲、乙、丙类液体储罐区的灭火面积应按实际保护储罐中最大一个储罐横截面面积计算。泡沫混合液的供给量应按两门泡沫炮计算。

②甲、乙、丙类液体、油品装卸码头的灭火面积应按油轮设计船型中最大油舱的面积计算。

③飞机库的灭火面积应符合《飞机库设计防火规范》的规定。

④其他场所的灭火面积应按照国家有关标准或根据实际情况确定。

供给泡沫炮的水质应符合设计所用泡沫液的要求。泡沫混合液设计总流量应为系统中需要同时开启的泡沫炮设计流量的总和，且不应小于灭火面积与供给强度的乘积。混合比的范围应符合国家标准《泡沫灭火系统技术标准》（GB 50151—2021）的规定，计算中应取规定范围的平均值。泡沫液设计总量应为其计算总量的1.2倍。

3）干粉炮系统

室内布置的干粉炮的射程应按产品射程指标值计算，室外布置的干粉炮的射程应按产品射程指标值的90%计算。干粉炮系统的单位面积干粉灭火剂供给量可按表6.1选取。

表6.1　干粉炮系统的单位面积干粉灭火剂供给量

干粉种类	单位面积干粉灭火剂供给量/(kg·m⁻²)
碳酸氢钠干粉	8.8
碳酸氢钾干粉	5.2
氨基干粉	3.6
磷酸铵盐干粉	

可燃气体装卸站台等场所的灭火面积可按保护场所中最大一个装置主体结构表面积的50%计算。干粉炮系统的干粉连续供给时间不应小于60 s。

干粉设计用量应符合下列规定：

①干粉计算总量应满足规定时间内需要同时开启干粉炮所需干粉总量的要求，并不应小于单位面积干粉灭火剂供给量与灭火面积的乘积；干粉设计总量应为计算总量的1.2倍。

②在停靠大型液化石油气、天然气船的液化气码头装卸臂附近宜设置喷射量不小于2 000 kg干粉的干粉炮系统。

干粉炮系统应采用标准工业级氮气作为驱动气体，其含水量不应大于0.005%的体积比，其干粉罐的驱动气体工作压力可根据射程要求分别选用1.4,1.6,1.8 MPa。干粉供给管道的总长度不宜大于20 m。炮塔上安装的干粉炮与低位安装的干粉罐的高度差不应大于10 m。

干粉炮系统的气粉比应符合下列规定：

①当干粉输送管道总长度大于10 m且小于20 m时，每千克干粉需配给50 L氮气。

②当干粉输送管道总长度不大于10 m时，每千克干粉需配给40 L氮气。

6.1.6　操作与注意事项

利用炮的操作手柄和炮体，不断调节炮身水平和俯仰角度，以调节喷射距离和高度，让水能够充分覆盖在燃烧物上。操作时应尽量顺风喷射，以增加射程。炮身调节至适当位置时将定位、把手锁紧，进行定向喷射。使用操作消防炮的人员，必须进行操作培训并能熟悉操作。炮的入口压力不得大于炮的最大工作压力(即1.6 MPa)。使用结束后，倾斜炮管，倒出腔内余液，将炮管置于最低位置，锁紧定位和把手。检查炮各部位，应无损坏，并按要求对转动部位进行加油润滑。

6.1.7　维护与保养

消防炮应保持清洁，使用后应倾斜炮管，倒出腔内余液；外部用清水冲洗干净并擦尽水渍。两用炮喷射泡沫后，必须用清水冲洗内部，然后放出积水。每次使用后和每隔6个月对消防炮的所有紧固件进行一次检查。每3个月对电动消防炮控制柜进行操作实验，以确保电机运作正常、稳定。蜗轮蜗杆啮合处和其他转动处应以半年为期限涂润滑油脂，尽量使用指定的润滑油。各部件应保持完好，如发现紧固件松动和其他配件损坏，应由指定的维修人员及时修复。

【技能提升】

固定消防炮灭火系统调试

一、实训任务

本任务是对固定消防炮灭火系统(包括水炮、泡沫炮、干粉炮及水幕保护系统)进行喷射功能调试，通过手动和自动控制方式分别进行喷水、喷射泡沫及干粉试验，检测系统响应时间、喷射持续时间等关键性能指标是否符合设计要求。通过完成该任务，学生将掌握固定消防炮灭火系统调试的方法和标准。

二、实训目的

1.能够正确操作水炮、泡沫炮、干粉炮及水幕保护系统的手动和自动控制模式；

2.能够使用秒表、压力表、流量计等工具测量系统响应时间、喷射压力、流量等参数；

3.能够准确地判断系统性能指标是否达到设计要求；

4.能够规范地记录调试数据并分析调试结果。

三、实施条件

要实施本项目，需准备已安装完成的固定消防炮灭火系统(包括水炮、泡沫炮、干粉炮及水幕保护系统),并配备调试所需的秒表、压力表、流量计、泡沫混合比检测工具等设备。

四、操作指导

1.水炮灭火系统调试

对手动灭火系统,应以手动控制方式对该门水炮保护范围进行喷水试验;对自动灭火系统,应分别以手动和自动控制方式进行喷水试验。系统自接到启动信号至水炮炮口开始喷水的时间不应大于 5 min,其各项性能指标均应达到设计要求。检查数量为全数检查,检查方法为用秒表测量响应时间,并用压力表、流量计等观测其他性能指标。

2.泡沫炮灭火系统调试

在完成水炮喷水试验并将水放空后,应以手动或自动控制方式对该门泡沫炮保护范围进行喷射泡沫试验。系统自接到启动信号至泡沫炮口开始喷射泡沫的时间不应大于 5 min,喷射泡沫的时间应大于 2 min,实测泡沫混合液的混合比应符合设计要求。检查数量为全数检查,检查方法为用秒表测量响应时间和喷射时间,并用流量计测量泡沫混合比。

3.干粉炮灭火系统调试

对手动灭火系统,应以手动控制方式对该门干粉炮保护范围进行一次喷射试验;对自动灭火系统,应分别以手动和自动控制方式各进行一次喷射试验(使用氮气代替干粉)。系统自接到启动信号至干粉炮口开始喷射的时间不应大于 2 min,喷射时间应大于 60 s,其各项性能指标均应达到设计要求。检查数量为全数检查,检查方法为用秒表测量响应时间,并用压力表等观测其他性能指标。

4.水幕保护系统调试

对手动水幕保护系统,应以手动控制方式对该道水幕进行一次喷水试验;对自动水幕保护系统,应分别以手动和自动控制方式进行喷水试验。其各项性能指标均应符合设计要求。检查数量为全数检查,检查方法为用秒表测量响应时间,并用压力表、流量计等观测其他性能指标。

五、实训记录表

工程名称			
施工单位		监理单位	
子分部工程名称	系统调试	施工执行规范名称及编号	
分项工程名称	《规范》章节条款、质量规定	施工单位检查记录	监理单位检查记录
系统喷射 功能调试	7.2.5		
	1		
	2		
	3		
	4		

续表

结论	施工单位项目负责人： （签章） 年　月　日	监理工程师： （签章） 年　月　日

【自我测评】

一、单项选择题

1.标记(　　　)表示泡沫/水两用炮类、组代号。

A.PS　　　　　　　　B.PP　　　　　　　　C.PL　　　　　　　　D.PF

2.下列场所能用水炮系统的是(　　　)。

A.一般固体可燃物火灾场所

B.天然气火灾场所

C.电气火灾场所

D.金属粉末火灾场所

3.室内布置的水炮射程应按照产品射程指标值计算,而室外布置的水炮射程应按照产品射程指标值的(　　　)计算。

A.60%　　　　　　　B.70%　　　　　　　C.80%　　　　　　　D.90%

4.固定消防炮灭火系统室外配置的水炮额定流量不应小于(　　　)。

A.10 L/s　　　　　　　　　　　B.30 L/s

C.40 L/s　　　　　　　　　　　D.50 L/s

5.水炮系统扑救室内火灾的灭火用水持续时间不宜小于(　　　)。

A.1.0 h　　　　　　　　　　　B.1.5 h

C.2.0 h　　　　　　　　　　　D.2.5 h

6.水炮系统扑救室内一般固体物质火灾的供应强度应符合国家有关原则的规定,其用水量应按(　　　)水炮的水射流同步抵达防护区任一部位的规定计算。

A.2 门　　　　　　　　　　　B.3 门

C.1 门　　　　　　　　　　　D.4 门

二、简答题

1.根据喷射介质固定消防炮灭火系统可分为哪几类?

2.简述 PL24B、PSY32B 表示的含义。

项目6.2　自动跟踪定位射流灭火系统

【学习目标】

1.了解自动跟踪定位射流灭火系统的组成和分类；
2.熟悉自动跟踪定位射流灭火系统的工作原理；
3.熟悉自动跟踪定位射流灭火系统的设置场所；
4.掌握自动跟踪定位射流灭火系统的设计参数；
5.能够根据具体场所选择合适的自动跟踪定位射流灭火系统；
6.能够按照规范要求进行自动跟踪定位射流灭火系统的调试。

【案例引入】

自动跟踪定位灭火装置助力综采设备库消防升级与安全生产

综采设备库由于其大规模和丰富的物资储备，传统灭火方法存在明显缺陷，亟须智能化解决方案。综采设备库作为矿井运行的关键物资储备地，其宽敞的建筑空间和丰富的物资储备对消防安全构成了严峻挑战。在面对突发火灾时，传统的人工灭火方式常因操作局限、反应迟钝和定位不精准而难以有效控制火势。为了应对这一挑战，机电修理车间积极行动，通过广泛搜集智能消防领域的资料，深入进行技术调研和论证，最终决定引进自动跟踪定位射流灭火装置。这一创新举措凭借其科技力量，为解决安全难题提供了新的可能。

该自动跟踪定位射流灭火装置融合了计算机技术、红外传感技术和机械传动技术，其"智慧之眼"全天候监控库房安全。引进的灭火装置融合现代科技，能够快速、精准应对火灾，实现有效的火灾预防和应对。一旦探测到火情，装置会迅速启动，利用高效的总线制图像传输技术捕捉现场彩色图像，实现远程精准定位。在短短60 s内，火源位置即可被精确锁定，并伴随着警报声响起，联动系统即刻响应，电池阀开启，水泵开始工作，一股股强劲水流精准扑向火点，直至火灾被完全扑灭。此外，该装置还具备智能判断功能，当火势复燃时，能够自动重启灭火程序，确保火灾隐患无处藏身，真正实现了"防患于未然"。

启示：主动防控理念应贯穿消防学习与实践。装置具有"全天候监控""防患于未然"的特性，实现了从"被动灭火"向"主动防控"的理念转变。这就要求我们在学习中不仅要掌握火灾扑救技能，更要树立"预防为先、主动干预"的意识，理解如何通过技术手段实现对火灾风险的实时监测与早期控制，将火灾消灭在萌芽阶段，这也是现代消防体系中"防消结合"原则的具体体现。

【知识精析】

近年来,大量的大空间民用建筑和工业建筑如雨后春笋般涌现,针对这些建筑,研发了智能型主动喷水灭火系统。"智能型"指的是系统将红外传感技术、计算机技术、信号处理技术和通信技术有机地结合在一起,完成自动探测火灾、判定火源、启动系统、射水灭火、持续喷水和停止射水等全过程的控制。智能型主动喷水灭火系统从发现火灾、火灾确认、启动系统、射水灭火至灭火后停止射水的全过程都是主动完成的,且反应迅速、灭火效率高、安全可靠。自动跟踪定位射流灭火系统分为自动跟踪定位射流灭火装置系统和数字图像型自动消防水炮灭火系统。以水为射流介质,利用探测装置对初期火灾进行自动探测、跟踪、定位,并运用自动控制方式来实现射流灭火的固定灭火系统,包括灭火装置、探测装置、控制装置、水流指示器、模拟末端试水装置以及管网、供水设施等主要组件,如图6.3所示。

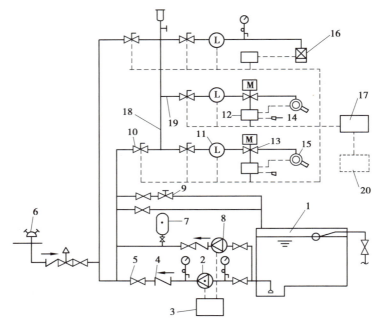

图6.3 自动跟踪定位射流系统

1—消防水池;2—消防水泵;3—消防水泵/稳压泵控制柜;4—止回阀;5—手动阀;6—水泵接合;
7—气压罐;8—稳压泵;9—泄压阀;10—检修阀(信号阀);11—水流指示器;12—控制模块箱;
13—自动控制阀(电磁阀或电动阀);14—探测装置;15—自动消防炮/喷射型自动射流灭火装置;
16—模拟末端试水装置;17—控制装置(控制主机现场控制箱等);18—供水管网;19—供水支管;
20—联动控制器(或自动报警系统主机)

6.2.1 系统分类

自动跟踪定位射流灭火类系统按灭火装置、流量大小及射流方式,分为自动消防炮灭火系统、喷射型自动射流灭火系统和喷洒型自动射流灭火系统,见表6.2。

表6.2　自动跟踪定位灭火系统分类

自动消防炮	灭火装置的流量大于16 L/s的自动跟踪定位射流灭火系统
喷射型	灭火装置的流量不大于16 L/s且不小于5 L/s,射流方式为喷射型的自动跟踪定位射流灭火系统
喷洒型	灭火装置的流量不大于16 L/s且不小于5 L/s,射流方式为喷洒型的自动跟踪定位射流灭火系统

（1）自动消防炮

①额定工作压力上限1.0 MPa；

②定位时间≤60 s；

③8 m≤安装高度≤35 m。

（2）喷射型

①额定工作压力上限0.8 MPa；

②定位时间≤30 s；

③8 m≤安装高度≤20 m（额定流量5 L/s）、25 m（额定流量10 L/s）。

（3）喷洒型

①额定工作压力上限0.6 MPa；

②定位时间≤30 s；

③8 m≤安装高度≤25 m。

6.2.2　系统组成

自动跟踪定位射流灭火系统应由灭火装置、探测装置、控制装置、水流指示器、模拟末端试水装置等,以及管道与阀门、供水设施等主要组件组成。

1）灭火装置

灭火装置是以射流方式喷射水介质进行灭火的设备,它又可分为自动消防炮、喷射型自动射流灭火装置和喷洒型自动射流灭火装置。

2）探测装置

探测装置是指具有自动探测、定位火源,并向控制装置传送火源信号等功能的设备。平时探测器处于24 h的监控状态,一旦被保护区域发生火情,图像火灾探测器就会将实时图像传输回系统控制主机,由系统主机进行图像分析得出火灾发生点在图像上的三维透视坐标,整个过程在5 s以内完成,同时发出火灾报警信号及相关消防设备的联动信号。

3）控制装置

控制装置是指系统的控制和信息处理组件,具有接收并处理火灾探测信号,发出控制和报警信息,驱动灭火装置定点灭火,接收反馈信号,同时完成相应的现实记录,并向火灾报警控制器或消防联动控制器传送信号等功能的装置。

6.2.3 系统工作原理

1)自动消防炮灭火系统和喷射型自动射流灭火系统

自动消防炮灭火系统和喷射型自动射流灭火系统在准工作状态时,由消防水箱或稳压泵、气压给水设备等稳压设施维持管道内的充水压力。探测装置对保护现场的火灾信号进行监测。

发生火灾时,在火灾光、烟气的作用下,探测装置自动探测到火源,再次确认火灾信号后定位火源,同时向控制装置传送火源信号。控制装置接收到信号后,及时处理火灾探测信号,发出控制和报警信息,并驱动对应的自动消防炮、喷射型自动射流灭火装置扫描、定位。对应的自动消防炮、喷射型自动射流灭火装置定位到火源后,控制装置打开自动控制阀,同时启动消防水泵进行供水,对火源进行射流灭火。水流经水流指示器后,水流指示器的动作信号反馈到控制装置。自动消防炮、喷射型自动射流灭火装置的启动数量不宜大于2台。探测装置确认火灾扑灭后,延时一定时间后自动关闭自动控制阀。自动消防炮灭火系统、喷射型自动射流灭火系统的工作原理如图6.4所示。

2)喷洒型自动射流灭火系统

喷洒型自动射流灭火系统在准工作状态时,由消防水箱或稳压泵、高位消防水箱等稳压设施维持管道内的充水压力。探测装置对保护现场的火灾信号进行监测。发生火灾时,在火灾光、烟气的作用下,探测装置自动探测到火源,并向控制装置传送火源信号。控制装置接收到信号后,启动对应的报警装置,启动消防水泵,打开电磁(动)阀,并启动在有效射程范围内的灭火装置进行喷水灭火,直到火灾扑灭。喷洒型自动射流灭火系统的工作原理如图6.5所示。

6.2.4 系统适用范围

①自动跟踪定位射流灭火系统的选型,应根据设置场所的火灾类别、火灾危险等级、环境条件、空间高度和保护区域特点等因素来确定。

②自动跟踪定位射流灭火系统设置场所的火灾危险等级可按现行国家标准《自动喷水灭火系统设计规范》(GB 50084—2017)的规定划分。

③自动跟踪定位射流灭火系统的选型宜符合下列规定:

a.喷射型自动射流灭火系统和喷洒型自动射流灭火装置的流量相对较小,可在轻危险级场所、中危险级场所选用。

b.自动消防炮灭火系统的流量相对较大、灭火能力更强,可在中危险级场所、丙类库房中选用。

c.对于候车厅、展厅等较大空间的中危险级场所,由于喷射型自动射流灭火装置的流量和保护半径相对较小,为了满足探测及射流覆盖所有保护区域的需求,所需灭火装置的数量较大,可能会导致布置喷射型自动射流灭火装置较为困难或经济性差,可优先选用自动消防炮灭火系统。

d.同一保护区宜采用同一种系统类型,因设置场所建筑布局和结构的特殊性,在灭火保护设计上(设计布局、保护效果等方面)确有必要时,也可采用两种系统类型组合的方式。

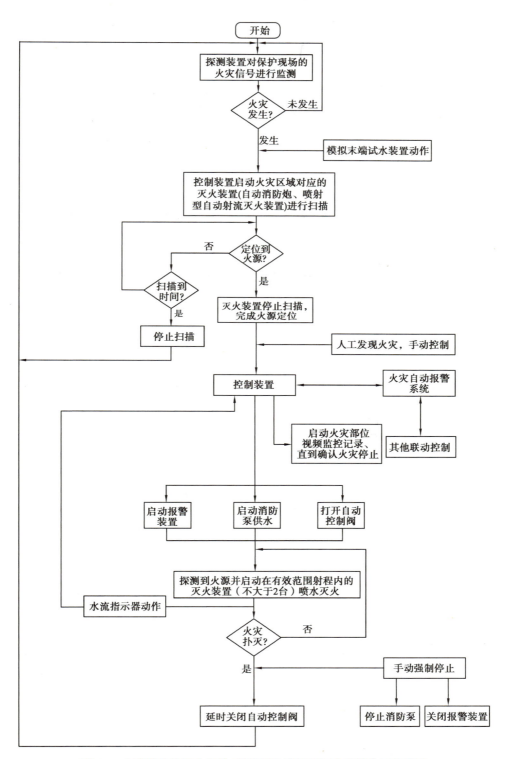

图6.4　自动消防炮灭火系统、喷射型自动射流灭火系统的工作原理

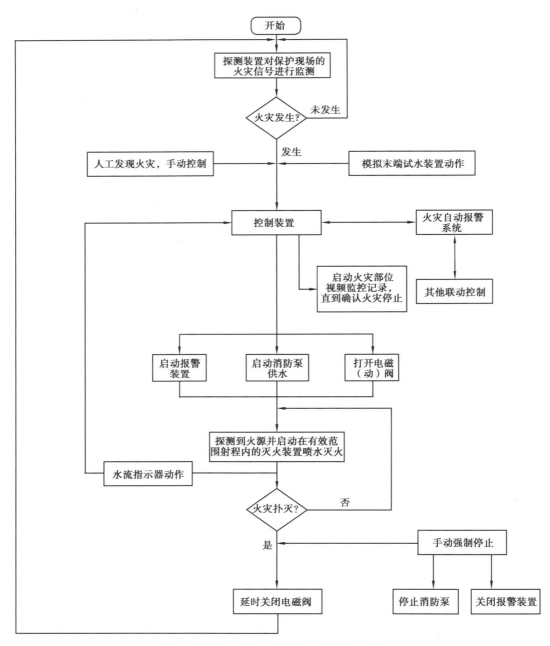

图6.5 喷洒型自动射流灭火系统的工作原理

6.2.5　系统适用场所

1)适用场所

自动跟踪定位射流灭火系统适用于空间高度高、容积大、火场升温较慢、难以设置闭式自动喷水灭火系统的高大空间场所。自动跟踪定位射流灭火系统可用于扑救民用建筑和丙类生产车间、丙类库房中(无甲乙),火灾类别为A类的下列场所:

①净空高度大于12 m的高大空间场所。

②净空高度大于8 m且不大于12 m,难以设置自动喷水灭火系统的高大空间场所。

2)不适用场所

自动跟踪定位射流灭火系统不应用于下列场所:

①经常有明火作业。

②不适宜用水保护。

③存在明显遮挡。

④火灾水平蔓延速度快。

⑤高架仓库的货架区域。

⑥火灾危险等级为现行国家标准《自动喷水灭火系统设计规范》(GB 50084—2017)规定的严重危险级。

6.2.6　设计参数

①灭火装置的布置应根据设置场所的净空高度、平面布局等建筑条件合理确定。

②系统供水管路设计应符合下列规定:

a. 自动控制阀前应采用湿式管路。

b. 在可能发生冰冻的场所,应采取防冻措施。

c. 自动控制阀后的干式管路长度不宜大于30 m。

③自动消防炮灭火系统和喷射型自动射流灭火系统应保证至少2台灭火装置的射流能到达被保护区域的任一部位。

④自动消防炮灭火系统用于扑救民用建筑内火灾时,单台炮的流量不应小于20 L/s;用于扑救工业建筑内火灾时,单台炮的流量不应小于30 L/s。

⑤喷射型自动射流灭火系统用于扑救轻危险级场所火灾时,单台灭火装置的流量不应小于5 L/s;用于扑救中危险级场所火灾时,单台灭火装置的流量不应小于10 L/s。

⑥自动消防炮灭火系统和喷射型自动射流灭火系统灭火装置的设计同时开启数量应按2台确定。

⑦喷洒型自动射流灭火系统的灭火装置布置应能使射流完全覆盖被保护场所及被保护物。系统的设计参数不应低于表6.3中的规定。

表6.3　喷洒型自动射流灭火系统设计参数

保护场所的火灾危险等级		保护场所的净空高度/m	喷水强度/[L·(min·m²)⁻¹]	作用面积/m²
轻危险级		≤25	4	300
中危险级	Ⅰ级		6	
	Ⅱ级		8	

⑧自动跟踪定位射流灭火系统的设计流量应为设计同时开启的灭火装置流量之和,且不应小于10 L/s。

⑨自动跟踪定位射流灭火系统的设计持续喷水时间应不小于1 h。

⑩灭火装置与端墙之间的距离不宜超过灭火装置同向布置间距的一半。

6.2.7　管道与阀门

①自动消防炮灭火系统和喷射型自动射流灭火系统每台灭火装置、喷洒型自动射流灭火系统每组灭火装置之前的供水管路应布置成环状管网。环状管网的管道管径应按对应的设计流量确定。

②系统的环状供水管网上应设置具有信号反馈的检修阀。检修阀的设置应确保在管路检修时,受影响的供水支管不大于5根。

③每台自动消防炮或喷射型自动射流灭火装置、每组喷洒型自动射流灭火装置的供水支管上应设置自动控制阀和具有信号反馈的手动控制阀,自动控制阀应设置在靠近灭火装置进口的部位。

④信号阀、自动控制阀的启、闭信号应传至消防控制室。

⑤室内、室外架空管道宜采用热浸镀锌钢管等金属管材。架空管道的连接宜采用沟槽连接件(卡箍)、螺纹、法兰、卡压等方式,不宜采用焊接连接。

⑥埋地管道宜采用球墨铸铁管、钢丝网骨架塑料复合管和加强防腐的钢管等管材。埋地金属管道应采取可靠的防腐措施。

⑦阀门应密封可靠,并应有明显的启、闭标志。

⑧在系统供水管道上应设置泄水阀或泄水口,并应在可能滞留空气的管段顶端设置自动排气阀。

⑨水平安装的管道宜有不小于1%的坡度,并应设置坡向泄水阀。

⑩当管道穿越建筑变形缝时,应采取吸收变形的补偿措施。

⑪当管道穿越承重墙时,应设置金属套管;当管道穿越地下室外墙时,还应采取防水措施。

6.2.8　供水

①消防水源、消防水泵、消防水泵房、消防水泵接合器的设计应符合现行国家标准《消防

给水及消火栓系统技术规范》(GB 50974—2014)的有关规定。

②自动消防炮灭火系统应设置独立的消防水泵和供水管网,喷射型自动射流灭火系统和喷洒型自动射流灭火系统宜设置独立的消防水泵和供水管网。

③当喷射型自动射流灭火系统或喷洒型自动射流灭火系统与自动喷水灭火系统共用消防水泵及供水管网时,应符合下列规定:

a.两个系统同时工作时,系统设计水量、水压及一次灭火用水量应满足两个系统同时使用的要求;

b.两个系统不同时工作时,系统设计水量、水压及一次灭火用水量应满足较大一个系统使用的要求;

c.两个系统应能正常运行,互不影响;

d.消防水泵应按一用一备或两用一备的比例设置备用泵。备用泵的工作能力不宜小于其中工作能力最大的一台工作泵。

④消防水泵吸水管和出水管上设置的控制阀应采用明杆闸阀或带自锁装置的蝶阀。

⑤消防水泵房内的电气设备应采取有效的防水、防潮和防腐蚀等措施。

⑥消防水泵房应根据具体情况布置相应的采暖、通风和排水设施。

⑦柴油机消防水泵房应设置进气和排气的通风装置,室内环境应符合柴油机的使用要求。

⑧采用临时高压给水系统的自动跟踪定位射流灭火系统,宜设置高位消防水箱。自动跟踪定位射流灭火系统可与消火栓系统或自动喷水灭火系统合用高位消防水箱。

⑨高位消防水箱的设置高度应高于其所服务的灭火装置,且最低有效水位高度应满足最不利点灭火装置的工作压力,其有效储水量应符合国家标准《消防给水及消火栓系统技术规范》(GB 50974—2014)的有关规定。

⑩当无法按照标准要求设置高位消防水箱时,系统应设置气压稳压装置。气压稳压装置的设置应符合下列规定:

a.供水压力应保证系统最不利点灭火装置的设计工作压力;

b.稳压泵流量宜为1~5 L/s;

c.稳压泵应设置备用泵;

d.气压稳压装置的气压罐宜采用隔膜式气压罐,其调节水容积应根据稳压泵启动次数不大于15次/h计算确定,且不宜小于150 L。

⑪高位消防水箱的进水管、出水管、溢流管、通风管、放空管、阀门及就地水位显示装置等的设计应符合国家标准《消防给水及消火栓系统技术规范》(GB 50974—2014)的有关规定。

⑫系统应设置消防水泵接合器,其数量应根据系统的设计流量计算确定,每个消防水泵接合器的流量宜按10~15 L/s计算。

⑬消防水泵接合器应设置在便于消防车接近的人行道或非机动车行驶地段,距室外消火栓或消防水池取水口的距离宜为15~40 m。

6.2.9 操作与控制

①系统应具有自动控制、消防控制室手动控制和现场手动控制3种控制方式。消防控制室手动控制和现场手动控制相对于自动控制应具有优先权。

②自动消防炮灭火系统和喷射型自动射流灭火系统在自动控制状态下,当探测到火源后,应至少有2台灭火装置对火源扫描定位,并应至少有1台且最多2台灭火装置自动开启射流,且其射流应能到达火源进行灭火。

③喷洒型自动射流灭火系统在自动控制状态下,当探测到火源后,发现火源的探测装置对应的灭火装置应自动开启射流,且其中应至少有一组灭火装置的射流能到达火源进行灭火。

④系统在自动控制状态下,控制主机在接到火警信号,确认火灾发生后,应能自动启动消防水泵,打开自动控制阀,启动系统射流灭火,并应同时启动声、光警报器和其他联动设备。系统在手动控制状态下,应人工确认火灾后手动启动系统射流灭火。

⑤系统自动启动后应能连续射流灭火。当系统探测不到火源时,对于自动消防炮灭火系统和喷射型自动射流灭火系统应连续射流不小于5 min后停止喷射;对于喷洒型自动射流灭火系统应连续喷射不小于10 min后停止喷射。系统停止射流后再次探测到火源时,应能再次启动射流灭火系统。

⑥稳压泵的启动、停止应由压力开关控制。气压稳压装置的最低稳压压力设置应满足系统最不利点灭火装置的设计工作压力要求。

【技能提升】

自动跟踪定位射流灭火系统调试

一、实训任务

本任务是对自动跟踪定位射流灭火系统进行全面调试,包括水源测试、消防水泵调试、气压稳压装置调试、自动控制阀和灭火装置功能测试、电源切换测试、模拟灭火试验等环节。通过完成该任务,学生将掌握该系统各组成部分的调试方法和验收标准。

二、实训目的

1.能够正确检查消防水源、水泵接合器的设置是否符合设计要求;

2.能够测试消防水泵及备用泵的启动时间和运行性能;

3.能够调试气压稳压装置的启停功能;

4.能够测试自动控制阀和灭火装置的手动控制功能;

5.能够完成系统主备电源切换测试;

6.能够进行系统自动跟踪定位和灭火模拟调试；

7.能够规范地记录调试数据并判断系统性能是否达标。

三、实施条件

要实施本项目，需准备已安装完成的自动跟踪定位射流灭火系统，包括消防水泵、稳压装置、控制阀、灭火装置等设备，并配备调试所需的秒表、压力表、流量计、温度计等工具。

四、操作指导

1.水源调试

检查高位消防水箱、消防水池的容积和设置高度是否符合设计要求，合用水池应有消防储水专用措施。通过核实水泵接合器的数量和供水能力，对移动式消防水泵进行通水试验验证。检查数量为全数检查，方法为对照图纸观察和尺量检查。

2.消防水泵调试

测试自动/手动启动时水泵应在55 s内正常运行，备用电源/泵切换时水泵应在1 min内正常运行。连续进行2 h的运行试验，测试压力、流量等参数。检查数量为全数检查，方法为秒表计时和仪表观测。

3.气压稳压装置调试

测试稳压泵在设定压力下的启停功能，模拟主泵故障时备用泵应能立即启动，消防水泵启动时稳压泵应停止工作。检查数量为全数检查，方法为观察检查。

4.自动控制阀和灭火装置调试

通过手动测试控制阀的启闭功能和反馈信号，可以检查灭火装置的俯仰/水平回转角度、直流−喷雾转换功能和防碰撞性能。检查数量为全数检查，方法为手动操作观察。

5.电源切换测试

进行主备电源手动和自动切换试验各1~2次，测试切换功能是否正常。检查数量为全数检查，方法为模拟故障观察切换情况。

6.模拟灭火试验

使用油盘试验火测试系统自动探测、定位和灭火功能，测量定位时间。每个保护区至少进行1次1A级别火灾灭火试验，以验证灭火时间是否符合要求（自动消防炮/喷射型系统的灭火时间≤5 min，喷洒型系统灭火时间≤10 min）。检查方法为秒表计时和观察灭火效果。

7.联动功能测试

检查火灾确认后声光警报、视频监控、状态显示等联动功能是否正常，报警信息能否传送至火灾自动报警系统。检查数量为全数检查，方法为观察系统响应。

五、实训记录表

自动跟踪定位射流灭火系统调试记录表

工程名称		建设单位	
施工单位		监理单位	
子分部工程名称		系统调试	
分项工程名称	调试内容	施工单位调试记录	监理单位检查记录
1.水源调试和测试			
2.消防水泵调试			
3.气压稳压装置调试			
4.自动控制阀和灭火装置手动控制功能调试			
5.系统的主电源和备用电源切换测试			
6.系统自动跟踪定位灭火模拟调试			
7.模拟末端试水装置调试			
8.系统自动跟踪定位射流灭火试验			
9.联动控制调试			
参加单位	施工单位项目负责人： （签章） 年　月　日	监理工程师： （签章） 年　月　日	建设单位项目负责人： （签章） 年　月　日

【自我测评】

一、单项选择题

1.下列场所可以使用自动跟踪定位射流灭火系统的是（　　）。

　　A.净空高度13 m的场所

　　B.火灾水平蔓延速度快的场所

　　C.有明火作业的场所

　　D.高架仓库的货架区域

2.关于自动跟踪定位射流灭火系统的说法,下列选项正确的是（　　）。

　　A.灭火装置的流量为17 L/s的自动跟踪定位射流灭火系统,属于自动消防炮灭火系统

  B.灭火装置的流量为 15 L/s,射流方式为喷洒型的系统属于喷射型自动射流灭火系统

  C.系统的探测装置是仅有自动探测的设备

  D.喷射型自动射流灭火系统的灭火装置流量应不大于 15 L/s 且不小于 6 L/s

3.下列关于自动跟踪定位射流灭火系统的说法正确的是(　　　)。

  A.自动跟踪定位射流灭火系统应由灭火装置、探测装置、控制装置、水流指示器、模拟末端试水装置等,以及管道与阀门、供水设施等主要组件组成

  B.灭火装置是以喷洒方式喷射水介质进行灭火的设备,它又可分为自动消防炮、喷射型自动射流灭火装置和喷洒型自动射流灭火装置

  C.探测装置是指具有自动探测、手动探测、定位火源,并向控制装置传送火源信号等功能的设备

  D.喷洒型自动射流灭火系统是指灭火装置的流量大于 16 L/s、射流方式为喷洒型的自动跟踪定位射流灭火系统

4.自动跟踪定位射流灭火系统的主要组成不包括(　　　)。

  A.灭火装置　　　　　　　　　　　　B.探测装置

  C.供水装置　　　　　　　　　　　　D.控制装置

5.喷洒型自动射流灭火系统的控制装置动作后紧接着下一步进行的工作步骤不包括(　　　)。

  A.启动报警装置　　　　　　　　　　B.启动消防泵

  C.打开电动阀　　　　　　　　　　　D.水流指示器动作

6.自动消防炮灭火系统用于扑救民用高层办公建筑内火灾时,单台炮的流量不应小于(　　　)。

  A.15 L/s　　　　　B.20 L/s　　　　　C.25 L/s　　　　　D.30 L/s

7.某建筑高度为 36 m 的宾馆中庭里设置喷洒型自动射流灭火系统,则该系统的喷水强度不应小于(　　　)。

  A.4 L/(min·m²)　　　　　　　　　　B.6 L/(min·m²)

  C.8 L/(min·m²)　　　　　　　　　　D.10 L/(min·m²)

二、简答题

1.自动跟踪定位射流灭火系统由哪些装置构成?

2.简述自动消防炮灭火系统的工作原理。

模块 7
消防排水系统

项目7.1　一般消防排水

【学习目标】

1.熟悉消防排水的种类及特点；
2.掌握灭火排水、系统检测排水的排放措施；
3.能够进行湿式、干式自动喷水灭火系统组件功能测试及末端试水装置测试。

【案例引入】

中国最早的排水管道

　　每年到了雨季，各地总会有些低洼区域受到强降雨袭击，造成洪水、内涝灾害，甚至某个时间段，部分区域会出现百年甚至是千年一遇的特大暴雨，这就十分考验城市的排水系统。我国的排水系统，究竟是什么时候开始形成的呢？经查证，答案是令人惊讶的，目前发现的最早的排水管道是河南淮阳平粮台古城的陶制排水管，距今已4 300多年。考古发掘的陶管位于古城南门道路土下0.3 m，残长5 m多，两条陶管铺在一条沟渠里。平粮台的整个管道是由一节一节的陶制管道套接而成，均为轮制，外表有纹，个别为素面。从整个管道看，北端稍高于南端，宜于向城外排水。让我们佩服的是此排水管道的工艺，这些陶管每节管道长0.35~0.45 m不等，直筒形，管径为0.23~0.32 m。用现在的说法就是，这些陶管属于DN230~DN320规格。

　　根据世界范围内的考古发现来看，此次发现的陶制水管应该是世界上最古老的排水管道了,古罗马虽然善于建设排水系统,但是他们更擅长的是挖排水沟。研究表明,西方真正意义上的排水管是在工业革命之后才出现,比中国要晚4 000多年。

启示: 这些精妙的陶制排水管道,展现了远古时期我国城市的排水系统,更展示了祖先们令人惊叹的智慧。作为中华儿女,我们感到骄傲和自豪,并应主动接过先辈的接力棒,用奋斗的青春书写人生的华章、描绘民族的未来。

【知识精析】

水消防灭火系统在灭火过程中会产生大量消防废水,这些消防废水如果不及时排除,往往会波及非着火区域,造成水渍破坏,产生二次灾害。过去,我国许多建筑没有考虑消防排水问题,灭火时水流满溢,水淹没的损失甚至超过了火灾损失。因此,在消防系统设计中充分考虑消防排水问题,不但有利于加强水灭火系统设计的完善,确保消防灭火及其他机电设施的正常运行,而且对保护建筑财产、防止水渍破坏,最大限度地减少财产损失具有重要意义。

7.1.1　消防排水概述

1)消防排水的种类及特点

水灭火系统在火灾中使用、日常检修、维护管理或发生故障时,都会产生消防排水。为此,可将消防排水分为灭火排水、系统排水、其他排水3种。

(1)灭火排水

灭火排水是指在火灾扑救过程中,由消火栓给水系统和自动喷水灭火系统等提供的消防用水,在扣除灭火时水的蒸发、汽化和被保护物体表面吸收等消耗后的剩余水量。

(2)系统排水

系统排水即系统本身在检查、试验时的排水。系统排水的来源有系统的定期放空检查维修排水、消防水泵的排水、防止系统超压时的排水、水灭火系统的试验排水、系统其他设备排水(如采用减压消火栓的泄水排水、报警阀组的排水、减压阀组的排水)等。

(3)其他排水

其他排水如火灾时由于紧急疏散造成的给水设备无法关闭的出流漫溢,设备和管道因火灾发生的破坏而造成的出流排水等,一般难以预料。

消防排水的特点是排水水质较好,为一般的废水,不会对周围水环境产生影响,可排入雨水管网,排水水量平时不大,但消防灭火时瞬间排水量很大。

2)消防排水的影响

消防排水对建筑物及其使用会产生一定的负面影响,带有随机的不可预测性以及水量变化大的特点,对建筑的影响主要有以下几个方面。

（1）对建筑的正常运行有影响

火灾发生时，消防给水灭火设施启动，扑救过程中产生大量的消防排水，如果不能及时排走，会造成排水四处流淌、电梯井进水、非着火房间到处淌水等现象，尽管可能过火面积不大，但消防排水的影响反而很大，影响建筑的正常运行。

（2）对建筑结构承重的影响

消防用水平时储存在消防水箱、消防水池中或直接来自市政管网，大部分建筑结构不需考虑其荷载作用。发生火灾时，大量的灭火排水流淌，对建筑结构产生临时的额外荷载。消防用水量越大，不能及时排走的消防排水对建筑结构产生的荷载越大，严重时甚至对建筑结构造成一定的损坏。

（3）对建筑装饰装修的损坏影响

随着人们生活水平的提高，目前建筑装饰装修的档次也越来越高，一旦被灭火用水浸泡，装修就会彻底被损坏，修复困难，同时会带来很大的经济损失。

（4）对设备物品的损坏影响

一般来说，建筑结构、内部装修及设备费用大约各占1/3，消防不仅仅是火灾时保护建筑结构本身不被烧垮，更多的是要保护建筑内部物品、设备不被烧坏，以减少火灾带来的损失。因此，减少消防排水对建筑内部的贵重设备和物品产生次生危害，成为不可忽视的实际问题。

（5）对建筑消防灭火设施作用的影响

大量的消防排水如果不能及时排走，将通过电梯井或安全通道汇集至建筑的地下室。一旦排水进入地下室的变配电间及消防水泵房等处，就会造成整个消防系统瘫痪，直接影响建筑消防灭火设施在火灾时充分发挥作用。

7.1.2　消防排水的排放措施及设计要求

建筑内的消防设施会自然老化、使用性老化和耗用性老化，随着时间的推移，设施的稳定性和可靠性会逐渐变差，进而会造成消防系统瘫痪或失效。完善的设计、良好的施工质量和经常性的检测，仅可以保证建筑消防系统设施进入正常的初始运行状态，并不能确保系统始终完好如初。有一些建筑，仅仅为了过验收关而配备消防设施，一旦通过验收，就出现无人维护管理的情况。灭火设施必须平时精心维护管理，才能在火灾时发挥作用。因此，加强建筑消防设施的维护管理，保证其正常运行，提高建筑物防御火灾的能力就显得非常重要。维护管理的一项重要内容是对消防设备、消防设施进行试运行，这些设备和设施运行时，建筑并没有发生火灾，消防设施设备试运行时会排放出大量的水，这些消防排水需通过其他通道排出去，因此必须在一些部位设置消防排水设施。火灾时，大量消防水会进入建筑内，并经过楼梯、电梯等向下流动至地下室，可能会威胁消防泵房、配电房等安全运行，进而影响消防供水系统的运转，因此建筑内必须采取可靠的排水措施。设置消防排水设施，也可以减少火灾后的渍水灾害。为确保建筑消防灭火设施在火灾时能充分发挥作用，保证建筑的消防安全，在消防设施启动时，一方面能有效地扑救火灾，另一方面能最大限度地减小水渍损失和消防积水对扑救建筑火灾的影响,应充分发挥建筑中现有的雨水或生活排水设施的作用,并在经济合理的前提下,结合工程实际找寻正确的处理消防排水的措施。

在进行消防排水设计时应尽量做到:某一层面的消防排水不流到下一层面,地下室以上的消防排水不流到地下室,某一防火分区的消防排水不流入相邻防火分区。

1)灭火排水的排放措施

灭火排水由于火灾的不确定性和水量变化大的特点,在现行规范中没有予以相应的规定。在条件允许的情况下,可从多个方面考虑如下排放措施:

①对装饰豪华的综合楼,如高级住宅、高级宾馆等,建筑的楼面做好防水处理,避免排水对楼板的损坏。

②组织设计好楼层的排水,确保敷设在电气、电缆井中供消防控制室、消防水泵、消防电梯和防排烟风机等在火灾时仍需保持正常供电的线路能够正常供电的前提下,有组织地将消防积水排向电梯井(不应包括消防电梯)、楼梯间、管道井等竖向通道。竖向通道直通地下层的可以考虑有组织地排入地下储水池或者采用排水泵将水排出,直到首层的可有组织地直接排向室外。

③地面设置一定坡度,坡向建筑的排污水系统,充分利用系统排出消防积水。

④在建筑的变配电房、消防水泵房等消防设施设备可能受到消防积水威胁的房间门口,待供水、供电设备全部进场之后,设置相应的挡水设施,即增设300 mm高的挡水坎(150 mm高的两个踏步),防止水浸入设备房。

⑤在设置有消防水泵房、消防变配电房等消防设施的地下室,设置在发生火灾时能排出全部积水的排水设施。

⑥在条件许可的情况下,可有效引导灭火排水集中起来,循环供灭火使用,这样既提高了灭火设备的效率,又减少了水量损失。

⑦提高消防设施的灭火效率,减少消防用水量。如自动喷水灭火系统选用快速响应喷头,这样可有效减少系统喷水量。国外曾做过试验,相同火灾情况下,一类喷头的动作时间为1 min,开启了4个喷头就将火扑灭;而另一类喷头的动作时间为2 min,导致开启十多个喷头才将火扑灭。

⑧灭火用的水枪尽量采用多功能水枪,可采用喷雾射流、开花射流等灭火形式,提高灭火用水的效率,尽量少采用耗水量大、破坏力强的直流水枪灭火。

2)系统检测排水的排放措施

消防系统中不同部位的系统排水根据规范要求可利用不同方式和渠道排放。

(1)利用屋面雨水系统排水

①试验和检查消火栓的排水

高层建筑一般要求屋顶设一个装有压力显示装置的检查用的消火栓,多层建筑平屋顶上宜设置试验和检查用的消火栓,其主要目的是通过试验和检查用消火栓检测消防水泵、水泵接合器供水时,水枪的充实水柱长度(或压力表显示的压力值)是否符合设计要求。建筑中消火栓的充实水柱长度不超过13 m,在此压力下水枪喷嘴口径为16 mm时出水量为4.2 L/s,19 mm时出水量为5.7 L/s。雨水立管按重力流排水时的泄流量根据《建筑给水排水设计标准》(GB 50015—2019)可知,管径为75 mm的立管最大排水流量都可达10 L/s,说明试验和检查用消火栓排水完全可以利用屋面雨水系统排出。

②高位消防水箱的排水

消防水箱的排水有两种情况,一是溢流排水,二是检修清洗水箱时的泄空排水,它们的排水量与消防水箱容积大小有关。无论是消火栓系统独用水箱还是湿式系统与消火栓合用水箱,确定水箱容积大小时应遵循有关消防规范的要求:应储存10 min的消防用水量。当室内消防用水量不超过25 L/s,经计算水箱消防储水量超过12 m³时,仍可采用12 m³;当室内消防用水量超过25 L/s时,经计算水箱消防储水量超过18 m³时,仍可采用18 m³。消防水箱的溢流排水量不会超过进水量,进水量大小由补水时间来确定,消防规范对消防水箱的补水时间没有规定,只要求消防水池补水不宜超48 h。如果18 m³消防水箱1 h补满,则进水流量为5 L/s,2 h补满则进水流量为2.5 L/s,所以发生溢流时由屋面雨水系统排出是没有问题的。至于检修清洗水箱时的泄空排水,可以通过泄空阀门控制排水流量,泄空时间可长可短,只要不造成屋面雨水系统溢流就行。

③稳压泵和气压罐的排水

当屋面消防水箱的高度不能满足消防规范要求时,常采用设置气压给水装置或稳压泵来进行增压,增压水泵的出水量,对消火栓给水系统不应大于5 L/s,对自动喷水灭火系统不应大于1 L/s。因此,在对增压设施的水泵进行调试、验收和维护检查时,排水量不会大于5 L/s。至于气压罐的泄空排水,由于它的调节水容积仅为450 L,排水量很小,所以设置在屋面的稳压泵和气压罐的排水同样可利用屋面雨水系统排出。

(2)湿式系统报警阀的排水

报警阀的调试、验收的要求基本相同:在报警阀试水阀处放水,当进口水压大于0.14 MPa,放水流量大于1 L/s时,报警阀应及时启动,水力警铃和压力开关应及时动作并反馈信号,供水压力和流量应符合设计要求;维护管理则要求每季度做一次上述测试。三种测试都是模拟一只标准喷头打开时湿式系统的工况,其排水量只是一只标准喷头的水量。报警阀的最大排水量发生在利用试水阀泄空系统管网中的水量时,报警阀的试水阀口径不大于50 mm,排水的快慢可通过阀门开启度进行调节,报警阀排水量可考虑按不大于5 L/s进行设计。报警阀的排水口有三处:试水阀、延迟器和水力警铃排水管。它们都应采用间接排水,以便观察。当利用生活排水系统进行排水时,接纳排水的立管(应有伸顶通气管)管径不宜小于100 mm;当独立设置专用排水管时,立管管径不宜小于75 mm。前者要考虑保护生活排水系统的水封,后者按重力流雨水立管泄流量考虑并排入雨水系统。

（3）末端试水装置的排水

末端试水装置的排水量与试水接头的出水量相同，试水接头是一个标准的放水口，它的流量系数与报警阀控制的楼层或防火分区内的最小流量系数喷头的参数相同，其泄水量与压力的关系也和试水喷头相一致。排水的受水器可以采用生活排水的污水池、洗涤池或排水沟，也可以设置专用的排水系统，如图7.1所示。最不利喷头处应设置末端试水装置，其排水应自由流出，为了排水通畅需设置伸顶通气管，避免气流与水流在排水斗处和排水管内发生干扰影响泄水。其他楼层或分区的末端可采用试水阀直接排水，但在连接排水立管处设置活接头或沟槽式接头，以备必要时连接检测设备或改为末端试水装置排水，排水立管管径可参照规范。排水立管在底层宜设置检查口。排水横管管径按满流状态用曼宁公式计算确定，末端试水装置排水管若接入雨、污合流管道，则排水斗下出口端应设存水弯，水封高度不得小于50 mm，随时补水保持水封。

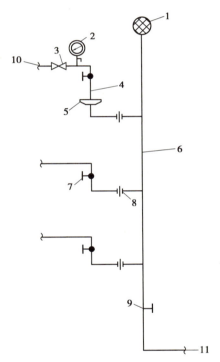

图7.1 末端试水装置的排水

1—通气帽；2—压力表；3—控制阀；4—放水口；5—排水漏斗；6—排水立管；7—试水阀；8—活接头；
9—检查口；10—接喷淋系统管网；11—排至雨水系统

（4）消防水泵试验装置的排水

规范要求消防水泵出水管上宜设置检查用的放水阀，对高层建筑还要求供水管上装设试验、检查用压力表和65 mm的放水阀门，自动喷水灭火系统的消防水泵出水管则应设置控制阀、止回阀、压力表和直径不小于65 mm的试水阀。消防水泵试验装置工作时需要开启末端试水装置和消防水泵出水管上放水阀进行系统联动，以及备用电源和备用泵切换等试验，如果将报警阀处的系统流量和压力检测装置与消防水泵出水管上的装置合并,则还需进行供水流量和压力的试验。检测试验时的排水量和设计供水量相同,此水量较大应接回消防水池重复使用。如果无法接回消防水池,其排水设计可与消防泵房的排水同样处理来供准工作状态下所需的水压,以达到管道内充水并保持一定压力的目的。

(5)消防给水管网的排水

①消火栓给水管网的排水

利用消火栓给水管网本身进行排水时,水平干管以0.002~0.005的坡度坡向立管,通过水泵出水管上的试水阀将水排入消防水池。只有当无法做到排水重复利用时,才设置专用排水管道就近排入室外雨水管网。

②湿式系统管网排水

当配水管和配水支管坡向支管末端时,利用末端试水装置或末端试水阀进行排水。当配水管和配水支管坡向配水干管时,若利用配水干管排水易损坏水流指示器的桨片,应设置专用排水管进行排水,如图7.2所示。

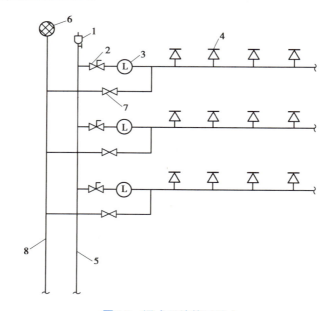

图7.2　湿式系统管网排水

1—通气帽;2—信号阀;3—水流指示器;4—喷头;5—喷淋立管;

6—通气帽;7—排水阀;8—排水立管

如果配水管管径小于等于50 mm,排水横管管径与配水管相同;如果配水管管径大于50 mm,排水横管管径可以比配水管径小一号。排水立管管径根据相关要求确定,但不得小于排水横管管径。排水管应接入室外雨水管道,立管上部应设置伸顶通气管,底层应设置检查口。

（6）消防水池排水

设于地下室的消防水池的溢水和泄空排水利用消防泵房排水设施进行排水,设于室外或地面的消防水池则将溢水和泄空水排入雨水管道,具体做法可参照建筑给水排水对生活水池的有关要求。

（7）消防电梯排水

消防电梯井基坑下应独立设置消防排水设施,其消防排水集水坑应低于电梯井基坑,且不应安装在电梯井正下方。集水池与基坑之间可预埋排水管,设置2根DN150的排水管,以防管道堵塞,满足消防排水的要求。

（8）消防泵房排水

消防泵房内应采取消防排水措施,当可直接向室外排水时,可在水泵房内设置明沟或地漏;当无法直接向室外排水时,可设置集水池（坑）由消防排水泵将水提升到室外。系统的放水、超压的泄水阀排水可由消防水泵房内的排水泵排出,或利用排水的余压直接将水排放到室外。消防给水系统的泄压阀可设置在消防水泵房内,以便于排水。泄压阀可在系统中共用,不必每台消防泵出口都设置泄压阀。

【技能提升】

湿式、干式自动喷水灭火系统组件功能测试及末端试水装置测试

一、实训任务

本任务是对湿式、干式自动喷水灭火系统组件和末端试水装置进行的功能测试。通过完成该任务,掌握湿式、干式自动喷水灭火系统组件和末端试水装置的功能测试方法。

二、实训目的

1.能够正确测试报警阀组的报警功能,正确使用声级计测量水力警铃声压级,并进行复位操作,判断测试结果是否符合要求;

2.能够正确测试末端试水装置的试验功能,并进行复位操作;

3.能够正确测试干式自动喷水灭火系统的气压维持装置的补气功能,并进行复位操作,以确保测试结果符合要求。

三、实施条件

要实施该项目,应准备一套完好无损并符合相关国家标准规定要求的湿式、干式自动喷水灭火系统和相关工具。

四、操作指导

1.测试湿式、干式自动喷水灭火系统报警阀组报警功能

①确认系统各管路阀门是否处于正常启闭状态;并将消防泵组电气控制柜设置成"手动"状态;

②关闭报警管路控制阀,开启警铃试验阀,使用秒表记录开启阀门至警铃响起的时间(湿式系统水力警铃应在 5~90 s 内发出报警铃声,干式系统水力警铃应在 15 s 内发出报警铃声);使用声级计测量水力警铃声压级(水力警铃 3 m 处警铃声压级不应低于 70 dB);

③关闭警铃试验阀,排出余水,将消防泵组电气控制柜恢复"自动"状态;查看信号反馈情况,进行复位操作。

2.测试末端试水装置

①确认系统各管路阀门处于正常启闭状态;消防泵组电气控制柜处于"自动"状态,并读取报警阀组压力表读数;

②缓慢打开末端试水装置控制阀,检查水流情况、压力表变化情况(末端试水装置处出水压力不应低于 0.05 MPa);检查水力警铃、消防水泵启动情况(开启末端试水装置后 5min 内应自动启动消防水泵);检查水流指示器、压力开关、消防水泵的动作信号和反馈信号;

③停止消防水泵,关闭末端试水装置,进行复位操作。

3.干式自动喷水灭火系统气压维持装置补气功能测试

缓慢打开末端试水装置控制阀或排气试验阀或注水阀,待空气压缩机启动后,关闭末端试水装置控制阀,检查空气压缩机运行情况。

五、实训记录表

湿式、干式自动喷水灭火系统组件功能测试及末端试水装置测试记录表

序号	测试项目名称	测试记录	测试结果评定
1	报警阀组报警功能测试		
2	末端试水装置测试		
3	干式自动喷水灭火系统气压维持装置补气功能测试		
结论			

【自我测评】

一、单选题

1.某一类高层商业建筑设置了临时高压消防给水系统。消防技术服务机构对该建筑的系统排水设施进行验收前检测,下列检测结果符合现行国家标准的是(　　)。

　　A.自动喷水灭火系统末端试水装置处采用管径为 DN75 的排水立管

　　B.报警阀处采用管径为 DN75 的排水立管

　　C.减压阀处采用管径为 DN75 的排水立管

　　D.消防电梯井底设置长、宽、高分别为 1 m、1 m、1.5 m 的排水井

2.消防水池的用水量、出水、排水和水位应符合下列规定,不正确的是(　　)。

　　A.消防水池的出水管应保证消防水池的有效容积能被全部利用

　　B.消防水池应设置就地水位显示装置,并应在消防控制中心或值班室等地点设置显示消防水池水位的装置,同时应有最高和最低报警水位

　　C.消防水池应设置溢流水管和排水设施,并应采用直接排水

　　D.消防用水与其他用水共用的水池,应采取确保消防用水量不挪作他用的技术措施

3.下列不属于消防系统排水的是(　　)。

　　A.系统的定期放空检查维修排水

　　B.厨房所产生的生活排水

　　C.防止系统超压时的排水

　　D.系统在扑救火灾时所产生的多余溢流

4.下列说法中,正确的是(　　)。

　　A.灭火时会产生消防废水,这些消防废水影响范围小,不会造成二次灾害

　　B.消防废水会对建筑装修无影响

　　C.消防排水可分为灭火排水、系统排水和其他排水

　　D.消防排水会对周围水环境造成很大的破坏

5.下列场所中,不用采取消防排水措施的是(　　)。

　　A.办公室　　　　　　　　　　　　B.消防水泵房

　　C.消防电梯的井底　　　　　　　　D.仓库

二、简答题

1.简述末端试水装置排水的相关要求。

2.简述消防水泵试验装置排水的相关要求。

项目7.2　特殊消防排水

【学习目标】

1.了解受污染的消防排水的收集和排放问题；

2.熟悉高层建筑的消防排水；

3.能够进行消防电梯挡水、排水设施保养。

【案例引入】

故宫再现"千龙吐水"——古建筑风雨不动安如山的奥秘

北京突降倾盆大雨，电闪雷鸣，故宫在暴雨中再现"千龙吐水"奇观。三层台基上的1 142个龙头石雕同时喷出水柱，雨水顺着龙嘴哗哗往外吐，场面壮观。

故宫是中国明、清两代的皇宫，始建于明永乐四年（1406年）。数据统计，在故宫建成后的600余年间，北京经历了1 000多次的暴雨，其中较大的水灾就发生过200多次。如《明英宗实录》记载："万历三十五年闰六月，顺天府大雨如注，昼夜不止，经二旬。雨潦浸贯城，长安街水深五尺，洼者深至丈余，各衙门皆成巨浸。"而故宫在这一次次的暴雨水灾中，从未被"水漫金山"，它是如何做到"风雨不动安如山"的呢？

故宫在建造之初，就对排水系统进行了精密设计和精细施工。首先，故宫的地面整体走势呈北高南低，其中北部的神武门地面比南部的午门地面高约2 m，整体形成约2‰的排水坡度。以中轴线建筑为核心的宫殿建筑群又使整体地势中间略高、两边稍低，呈现出"熊背"式样，这一坡降为自然排水创造了有利条件。

故宫主体建筑"三大殿"建在三层高大的石基上，基座台面一致向外侧稍倾，便于雨水下注，台基的上千个"螭首"作为出水口，将积水"吐"至地面，即所谓的"千龙吐水"。

故宫的明沟暗渠四通八达，长度超过15 km，并有涵洞、流水沟眼等，纵横交错，主次分明，全部通向总干渠内金水河。内金水河又与故宫城墙外侧的外金水河、护城河、中南海等水系相通，使雨水顺着从高到低的地势，流到明沟暗沟，再流入总干渠内金水河，然后排到紫禁城城外的河道中，巧妙解决了水患问题。

启示：伟大的成就源于对目标的执着坚守、对细节的极致打磨，以及对科学规律的深刻把握与巧妙运用。这份源自历史的"匠心"与"智造"，是中华民族生生不息、创造未来的宝贵精神财富，值得每一位学子学习、传承并为之自豪。

【知识精析】

7.2.1　污染的消防排水的收集和排放问题

一般来讲,消防排水本身的水质不会对周围水环境产生影响。但当消防灭火用水与具有污染性的物品接触时,消防水可能被污染或这些具有污染性质的物品随着消防水排放,会对周围环境或水体造成污染。对此类消防排水的收集、处理、排放问题,应结合消防排水水质、周围环境、下游水体的承受能力、污染的影响范围、工厂的生产规模、消防排水流量以及市政工程设施等因素综合考虑确定。

对工厂消防水的排放,可以根据产品的性质、排放后可能产生的污染后果进行区别对待。对那些有可能对周围环境产生严重影响或对城市给水水源构成潜在威胁的消防排水,应建造处理设施,处理后排放,也可利用工厂的污水处理设施进行处理后排放;对那些有可能对周围环境和下游地区的水体产生一定影响,但不会超过下游水体自净能力的消防排水,可结合环境建设总体布局,设调储水库(池),待水体自净后排放;对那些对周围环境和下游地区的水体没有影响,不会产生次生危害的消防排水,应收集后排入市政排水系统。

对居住区消防水的排放,则可以根据市政排水设施的分布、处理级别、是否产生次生危害等,参照工业消防水的排放原则进行排放。小区和厂区规划时,提前考虑和预留消防排水管道和设施的位置是很有必要的。

7.2.2　高层建筑的消防排水问题

高层建筑中,采用中间水箱转输的串联消防泵给水系统,其中间水箱应采取有效的溢水措施。此时,仅设置地漏排水是不够的,可设置专用的排水管,选择恰当的管径,以保证溢水的排除。在排水系统的设计过程中,一定要巧妙地运用雨水的排出管道,这样可以将灭火产生的水合理地排出建筑物。对于消防重点区域,必须设计专用的排水管道。由于这些区域在灭火时所需的水量远大于普通消防区域,单纯依靠雨水排水管道无法有效排出大量消防废水,因此设置专用排水管道是必须的。同时,消防排水系统应采取有效的防返溢措施,防止室外雨水倒灌。在高层建筑中,由于上层用水可能下渗至下层,设计消防排水系统时需充分考虑这一因素,避免建筑物内出现上下层渗水现象。此外,必须确保电源安全,火灾发生时电源应能保障消防排水系统的正常运行。

【技能提升】

消防电梯挡水、排水设施保养

一、实训任务

本任务是对消防电梯挡水、排水设施进行保养。通过完成该任务,掌握消防电梯挡水、排水设施的保养内容和方法。

二、实训目的

能够正确判断挡水漫坡高度、排水井容积和排水泵流量是否符合要求。

三、实施条件

消防电梯(或消防电梯模型)。

四、操作指导

(1)挡水设施保养

检查挡水漫坡高度:挡水漫坡,应无破损,高度为4~5 cm,如有破损处进行修补。

(2)排水井保养

检查排水井容积,排水量不应小于2 m³,外观应完好,无渗、表面无开裂和脱落,井底无杂物和淤泥,若有,则进行修补或清理。

(3)排水泵保养

检查排水泵流量,排水泵的排水量不应小于10 L/s,管道阀门外观完好启闭功能和状态正常,泵体外壳完好,无破损、锈蚀,若有,则进行外表清洁、除锈,损坏的阀门应及时更换。

(4)电气控制柜保养

进行外观检查和功能测试,根据检查情况分别进行清洁、清理、紧固和维修(对电气部件清洁应使用吸尘器或软毛刷)。

五、实训记录表

消防电梯挡水、排水设施保养记录表

序号	保养项目名称	保养记录	保养结果评定
1	挡水设施保养		
2	排水井保养		
3	排水泵保养		
4	电气控制柜保养		

【自我测评】

一、单选题

1.小区干管和小区组团道路下的排水管道最小覆土厚度不宜小于(   )。

    A.0.3 m   B.1.5 m   C.0.7 m   D.1.0 m

2.下列管道上不能设置阀门的是(   )。

    A.进水管   B.溢流管   C.出水管   D.泄水管

二、思考题

高层建筑采用消防水泵转输水箱串联供水时,串联转输水箱的溢流管应符合哪些规定?

主要参考文献

[1] 中华人民共和国住房和城乡建设部.消防给水及消火栓系统技术规范:GB 50974—2014[S].北京:中国计划出版社,2014.

[2] 中华人民共和国住房和城乡建设部.自动喷水灭火系统设计规范:GB 50084—2017[S].北京:中国计划出版社,2017.

[3] 中华人民共和国住房和城乡建设部.自动喷水灭火系统施工及验收规范:GB 50261—2017[S].北京:中国计划出版社,2017.

[4] 中华人民共和国住房和城乡建设部.细水雾灭火系统技术规范:GB 50898—2013[S].北京:中国计划出版社,2013.

[5] 中华人民共和国住房和城乡建设部.水喷雾灭火系统技术规范:GB 50219—2014[S].北京:中国计划出版社,2015.

[6] 中华人民共和国住房和城乡建设部.泡沫灭火系统技术标准:GB 50151—2021[S].北京:中国计划出版社,2021.

[7] 中华人民共和国建设部.固定消防炮灭火系统设计规范:GB 50338—2003[S].北京:中国计划出版社,2004.

[8] 中华人民共和国住房和城乡建设部,国家质量监督检验检疫总局.固定消防炮灭火系统施工与验收规范:GB 50498—2009[S].北京:中国计划出版社,2009.

[9] 中华人民共和国住房和城乡建设部.自动跟踪定位射流灭火系统技术标准:GB 51427—2021[S].北京:中国计划出版社,2021.

[10] 中华人民共和国住房和城乡建设部.消防设施通用规范:GB 55036—2022[S].北京:中国计划出版社,2022.

[11] 中华人民共和国住房和城乡建设部.建筑防火通用规范:GB 55037—2022[S].北京:中国计划出版社,2022.

[12] 侯耀华.建筑消防给水和灭火设施[M].北京:化学工业出版社,2020.

[13] 李亚峰,张克峰.建筑给水排水工程[M].3版.北京:机械工业出版社,2018.